江苏水文化丛书

水利瑰宝

WATER CULTURAL HERITAGE

水文化丛书编委会 编

河海大学出版社
HOHAI UNIVERSITY PRESS

图书在版编目（CIP）数据

水利瑰宝 / 水文化丛书编委会编 . -- 南京 : 河海大学出版社 , 2018.7（2019.12 重印）

ISBN 978-7-5630-5291-2

Ⅰ . ①水… Ⅱ . ①水… Ⅲ . ①水利史－江苏 Ⅳ . ① TV-092

中国版本图书馆 CIP 数据核字（2017）第 331462 号

书　　名 / 水利瑰宝
书　　号 / ISBN 978-7-5630-5291-2
策划编辑 / 朱婵玲
责任编辑 / 彭志诚
装帧设计 / 杭永红
出版发行 / 河海大学出版社
网　　址 / http://www.hhup.com
地　　址 / 南京西康路 1 号（邮编：210098）
电　　话 /（025）83737852（总编室）
（025）83722833（营销部）
排　　版 / 南京布克文化发展有限公司
印　　刷 / 江苏河海印务有限公司
开　　本 / 787 毫米 ×1092 毫米　1/16
印　　张 / 15.5
字　　数 / 250 千字
版　　次 / 2018 年 7 月第 1 版
印　　次 / 2019 年 12 月第 2 次印刷
定　　价 / 78.00 元

江苏的古运河

中运河：邳州至淮安杨庄

里运河：杨庄至扬州入江

江南运河：镇江至苏州、嘉兴交界

盐河：淮安至连云港

串场河：阜宁至海安

老通扬运河：扬州至南通

胥溪河：高淳区

破冈渎：句容市东南

胭脂河：溧水区

江苏古代堤坝围堰的分布

黄河故道：经河南、山东、安徽、江苏

河下古堤：淮安区西北运河东岸

高邮运堤：高邮城至界首镇

车逻坝：高邮城南里运河东堤

邵伯古堤：邵伯镇运河故道东岸

吴江古纤道：吴江区大运河西岸

周桥大塘：洪泽县洪泽湖大堤上

清口枢纽：淮安市区西

信坝：洪泽县城南

范公堤：盐城、南通

福山港：常熟福山塘港口

苏南海塘：太仓、常熟

芙蓉圩：无锡、常州交界

相国圩：高淳区西南

江苏古代水管涵闸的分布

南京东水关：通济门西侧

武庙闸：玄武湖解放门附近

苏州盘门：古城区西南

仪征东门水门遗址：仪征真州镇

南水关：高邮镇运堤路

太仓西城门水关：太仓城厢镇

如皋城东水关：如皋水绘园内

京口闸：镇江城区

草堰石闸：大丰草堰镇

清江大闸：淮安区大运河上

双金闸：淮阴区盐河上

刘堡减水闸：扬州大运河宝应段

练湖闸：镇江丹阳市

茱萸湾闸：扬州湾头镇

扬州唐城水涵洞遗址：扬州大学校园内

泰州宋代排水涵遗址：泰州古城墙下

江苏古代码头渡口、陂塘水利及水文化遗址分布

瓜洲古渡：扬州邗江区

西津渡：扬州市

邵伯码头：扬州邵伯镇

高邮御码头：高邮城西北

赤山湖：句容市西南

大纵湖：盐都、兴化

莺脰湖：吴江市平望镇

高邮湖：扬州高邮市

草鞋山稻田灌溉遗迹：苏州工业园区唯亭镇

浮山堰遗址：泗洪县四河乡

泗州城遗址：淮安盱眙县

徐州城下城遗迹：徐州南门

江苏古代水文化建筑、井泉、古桥分布

宿迁龙王宫行庙：宿迁皂河镇

祠山大帝庙：高淳、溧水等地

泰州祠山庵：泰州市区

祠山庙会：高淳桠溪镇

镇淮楼：淮安区

清晏园： 清江浦市区

清江浦楼：清江浦区

太湖水利同知署：吴江同里镇

黄楼：徐州故黄河公园内

高家堰铁牛：淮阴区赵集镇

马棚湾铁牛：高邮马棚湾

邵伯铁牛：邵伯镇里运河东

高良涧铁牛：高良涧闸管理所

三河铁牛：三河闸管理所

惠泉：无锡惠山区

大明寺泉：扬州大明寺

靖江四眼井：靖江市靖城镇

诸公井亭：苏州东山

垂虹桥：吴江垂虹桥公园

太仓石拱桥：太仓市城厢镇

七桥瓮：七桥瓮公园秦淮河上

宝带桥：吴中区长桥街道

《江苏水文化丛书》编委会

主　　编：张劲松

副 主 编：陈　锋　黄海田　于　涛

　　　　　曹海明（执行）　吴卿凤

本册撰稿：干有成　孙文昀

编写组成员：戴甫青　尹子茜　曹　瑛

　　　　　金妍秋　楼　锋　程　瀛

《江苏水文化丛书》总序

水是江苏最鲜明的符号。江苏境内河网纵横、湖泊众多，既有长江、淮河横贯东西，全国五大淡水湖占有其二（太湖、洪泽湖），又有人工开凿的京杭大运河沟通南北，还有近千公里的海岸线。水孕育了江苏文明，描摹出了这方水土的物阜民丰、文脉悠长，因此江苏的地域文化首先就是水文化。江苏先民在推动社会发展的历史进程中，在用水、治水、管水活动中创造了灿烂的文明，积淀了丰富的优秀水文化。从大禹治理太湖的“三江既入，震泽底定”，到吴王夫差开挖邗沟“沟通江淮”；从中国南北交通大动脉大运河的开通，到明清为保漕粮北运而不断治理的清口、洪泽湖；从民国的“导淮”，再到中华人民共和国成立后兴起的数次治水高潮……江苏悠久的历史里，交织着治水人物、治水理念、治水制度的变化与变迁，这些物质和精神的凝结，形成了江苏独特的水文化遗产。

文化兴国运兴，文化强民族强。党的十九大报告中提出坚定文化自信，推动社会主义文化繁荣兴盛的伟大号召。以水利文化为主干的水文化是中国特色社会主义文化繁荣发展中的重要组成部分。国务院召开的冬春农田水利基本建设电视电话会议上，明确指出“要加强水文化建设”；江苏省政府出台的《江苏生态河湖行动计划（2017—2020年）》，将水文化建设列为重点任务。基于此，江苏省水利厅组织编写了《江苏水文化丛书》。

江苏优秀传统水文化遗产中，有丰富的工程类水文化遗产，如运河、陂塘、堤坝圩堰、水关涵闸、水文站等，又有桥梁、码头、渡口、井泉等与水有关的生活设施类遗产，以及水利管理建筑、祭祀纪念类建筑、水文化碑刻等。有历代修筑增高以控制水位的“水上长城”——洪泽湖大堤；有大运河沿线工程设施最多、投入最大，兼具蓄清、刷黄、济运、保航多种功用的综合性水利枢纽——清口水利枢纽；还有北起阜宁、南到启东，防止海水倒灌的范公堤，以及运河、黄河沿线的御笔碑刻、镇水铁犀等，这些都记录了历代治水的艰辛与不易，也为后世水利史研究提供了宝贵的资料。水工遗址背后，是铭刻在时间洪流里的一位位治水名贤和他们的治水思想：有提出“束水攻沙”的“千古治黄第一人”潘季驯；有系统筹划治理黄、淮、运并陆续实施的清代河道总督靳辅；有“修围、浚河、置闸”的范仲淹等，他们或亲自规划实施了河湖工程，或提出了水利科学管理的机制办法，其充满智慧的治水理念，至今仍有可借鉴之处。此外还有大量与水有关的诗词、音乐、书画、建筑等。

《江苏水文化丛书》第一辑包括《水利瑰宝》《水利名贤》《水与诗词》三本。全书全彩印刷，图文并茂，用通俗易懂的语言，在全省部分水文化遗产（典籍）整理的基础上进行了解读阐释，讲述江苏水故事，传承优秀传统水文化，既可作为行业内人士了解古代优秀治水理念与科技的参考，亦可作为全民普及水知识的读本，对展示江苏治水历程，弘扬水文化有着积极意义。

山中江上总关情。亲水护水，必先知水爱水，唤起人们对江河水脉的乡愁记忆。作为全省范围内首套水文化解读专著，丛书的出版是我省水文化事业的一次良好探索与尝试。希望该书的面世，能够带动江苏水文化发展，在此基础上，将水文化建设融入水利工作的各个方面，开展形式多样、内容丰富的水文化活动，让江苏悠久的水历史与灿烂的水文化深入人心，努力实现河通水畅、江淮安澜，水清岸绿、生物多样，人水和谐、景美文昌的建设目标。

是为序。

绪　言

水利瑰宝，是指具有较高历史、文化、科技、艺术价值的水文化遗产。江苏水利瑰宝，就是指江苏境内先人创造的、并保存到今天的、具备“经典性”水文化内涵的遗产形态，通过它们可以领略江苏人治水、用水、管水、崇水的悠久历史，展示了江苏地域文明体系中水文化发展的文明高度。

江苏地处长江、淮河流域的下游，濒临黄海，境内河湖众多，水网发达，是一片多水之地。自古以来，江苏人就善加利用这大自然最美的恩赐，将水运用于航运、灌溉、防洪、排涝、日常饮用等方方面面，滋养了繁华锦绣的一方水土，孕育了光辉灿烂的地域文明。

江苏在悠久的治水、用水历史进程中，创造并留下了数量众多、形态多样的水文化遗产，其中有水工程遗存，如运河、陂塘、堤坝圩堰、水关涵闸、水文站等，还有桥梁、码头、渡口、井泉等与水有关的生活设施类遗产，以及水利管理建筑、祭祀纪念类建筑、水文化碑刻等相关遗产。尤其是大运河沿线保留的巨量水文化遗产，价值突出，很多已经被列入世界遗产加以保护、传承、利用。江苏境内这些不同历史时期形成的水文化遗产，星罗棋布地分布于长江、淮河、古黄河、沿海、运河、太湖、秦淮河、沂沭泗河、水阳江等流域，有些水文化遗产至今还在发挥着水利功能，它们共同见证了江苏境内数千年来水利建设的光辉历史，承载着江苏人勤劳、智慧、雅致的文化特质，构成了江苏地域文明发展的内在源流，也是当代传承水利精神、开展水文化建设的重要载体。

编　者

2018 年 4 月 15 日

目　　录

四、水关闸涵

八、水文化建筑

九、镇水神兽

十、水利碑刻

十一、水文站

十二、井泉

十三、古桥

后记

一、古运河

古运河

运河，是指用以沟通地区或水域间水运的人工水道。除最为主要的航运功能外，运河还可用于灌溉、分洪、排涝等水利事业。

江苏地处长江、淮河的尾闾，境内运河建设的历史十分悠久，主要包括勾连不同地理单元之间的切岭运河、沟通不同水系之间的漕运运河，以及因盐业生产而开凿的运盐河等。

江苏境内最为著名的运河，就是已经列入世界遗产名录的京杭大运河。公元前 486 年的秋天，吴王夫差开凿了沟通长江和淮河的邗沟，后来成为南北大运河的重要组成部分。到了隋朝，隋炀帝开凿了通济渠、永济渠、邗沟（拓浚）、江南河，利于天下转输，后人称之为大运河，北达涿郡（今北京）、南至余杭（今杭州），以洛阳为中心的大运河。元代定都大都（今北京）后，在至元二十年至至元三十年间（1283—1293 年）逐步开凿了会通河、通惠河、济州河，最终形成了纵贯南北的、以大都为核心的京杭大运河。

江苏省内最早的人工切岭运河，当属开凿于公元前 506 年的胥河，这条河道勾连了太湖流域和水阳江、青弋江流域。三国时，吴大帝孙权派人开凿了破冈渎，打通了太湖流域和都城建业（今南京）之间的水路交通，这是我国最早的完全用建筑物控制水量的切岭运河。到了明代初年，朱元璋在今溧水境内开凿了沟通秦淮河水系与水阳江流域的胭脂河（也称天生桥河），将古代切岭工程技术推向了顶峰。

古代江苏还有为了盐业生产和运输而建设的运盐河，其目的主要是勾连分布于南通、盐城、连云港境内的沿海盐场之间的交通，以及滨海盐场与淮盐务中心的泰州、扬州、淮安之间的联系。其中，串场河是沟通淮河以南的盐城、南通各盐场之间的运道，盐河是连通连云港一带盐场与淮安联系的运道，通扬运河（又名茱萸沟）则是南通产盐区与扬州、泰州之间的人工运道。在苏南地区还有一条盐铁塘，相传是西汉吴王刘濞沿长江岸线开凿，用来运输江浙沿海的盐铁资源，北通长江，南达吴淞江，长约 96 公里。

（一）京杭大运河江苏段

京杭大运河是世界上最长、最著名的人工运河，她不仅是历代封建王朝的经济命脉，也是中华民族悠久和灿烂历史文明的重要载体和象征。

今天的京杭大运河南至杭州，北达北京，全长 1 700 余公里，贯通钱塘江、长江、淮河、黄河、海河五大水系。2014 年 6 月 22 日，大运河成功入选《世界遗产名录》。

京杭大运河江苏段从北到南依次流经：徐州、宿迁、淮安、扬州、镇江、常州、无锡、苏州 8 市，通航里程为 615 公里，加上不能通航的河段，全线总长度为 690 公里，约占大运河总长的五分之二。京杭大运河江苏段并非一条南北单线，而是呈复线带状分布。它包括隋唐大运河遗迹的通济渠江苏段（主要由苏皖省界经泗洪县流入洪泽湖），元、明和清初时期从徐州市区至淮安杨庄的古黄河段运道，以及明清大运河遗迹所包括的中运河、里运河和江南运河江苏段。

中华人民共和国成立后，江苏开展了大规模的运河治理工程，沿运河城市的主城区外围一般选择开挖新河，让运河改道，如苏北的淮安城区、高邮段、扬州城区有新运河线路，江南的镇江、常州、无锡、苏州在城区均存在古运河和新京杭运河分离的现状，大运河在这些城市从穿城而过到环城而过，再演变为绕城而过。

大运河江苏段在历史发展过程中，也曾通过人工开凿的分支运河及长江、淮河等河道与江苏其他城市相连通，江苏没有一座有历史有故事的城市能够离开运河讲自己的文化。如通过盐河、淮河，使得运河与连云港、阜宁相联系，通过老通扬运河、串场河与泰州、南通、盐城相联系，通过仪扬运河、长江将扬州仪征、南京与运河相连，通过胥河、胭脂河与高淳、溧水及南京主城相连，通过浏河、盐铁塘与太仓、常熟、昆山等地相连等。大运河江苏段沿线还有微

京杭大运河（苏州段）

山湖、骆马湖、洪泽湖、高邮湖、太湖等众多湖泊，它们要么因运河而生，要么与运河有密切的历史和现实关联。

历史上京杭大运河沿线经济繁荣、城镇密集，留下了许多与运河有关的历史古迹：

（1）明清时总督漕运公署至今仍存部分房舍。今淮安清晏园和宿迁市运河畔的皂河镇龙王庙行宫是清朝乾隆皇帝沿运河南巡的驻跸之处。淮安市境的运河段为明清时期的漕运枢纽，当年的竹络坝、清江大闸、清江浦楼、码头三闸、运河石工堤等仍存旧迹。

（2）清康熙皇帝、乾隆皇帝多次南巡视察运河工程，在宿迁、扬州留下了御码头遗址，还在运河沿线留下许多表彰治河有功官吏的碑刻，如淮安的乾隆赐高斌的“绩奏安澜”碑和龙亭内的乾隆御碑、在扬州的乾隆《南巡记》碑等。在扬州则仍存邗江湾头、邵伯故道、伊娄河遗址和湾头闸石闸。

（3）在苏南，与运河相关的文物建筑主要是桥。镇江有虎踞桥，常州有

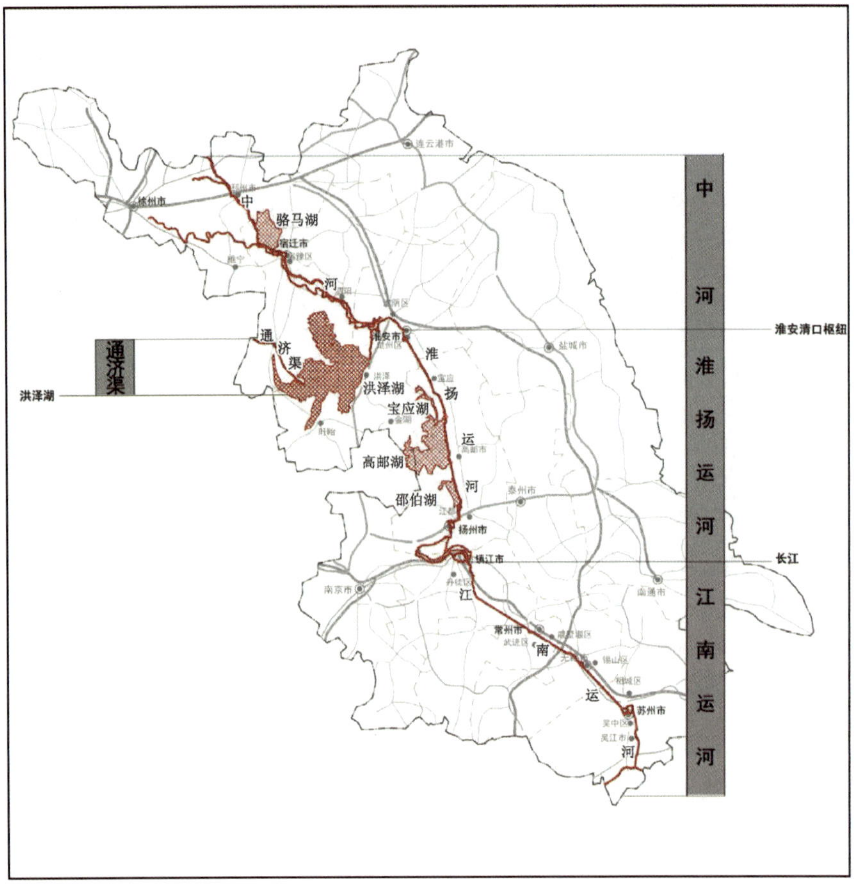

大运河江苏段区位与分段示意图

文亨桥、万安桥，无锡有清名桥，苏州有枫桥、觅渡桥（又名灭渡桥）、安民桥等。另在苏州吴江市还保存一段明清时运河古纤道，由石堤和多座纤桥组成，长约 1 150 米。

大运河江苏段被列入世界遗产名录表（2014年公布）

遗产区	遗产组成	遗产要素
清口枢纽	淮扬运河淮安段	河道
	清口枢纽	河道、水工设施、古建筑群
	双金闸	水工设施
	清江大闸	水工设施
	洪泽湖大堤	水工设施
总督漕运公署遗址	总督漕运公署遗址	管理设施
淮扬运河扬州段	淮扬运河扬州段	河道
	刘堡减水闸	水工设施
	盂城驿	配套设施
	邵伯古堤	水工设施
	邵伯码头	水工设施
	瘦西湖	湖泊
	天宁寺行宫	古建筑群
	个园	古建筑群
	汪鲁门宅	古建筑群
	盐宗庙	古建筑群
	卢绍绪宅	古建筑群
江南运河常州城区段	江南运河常州城区段	河道
江南运河无锡城区段	江南运河无锡城区段	河道
	清名桥历史文化街区	历史文化街区
江南运河苏州段	江南运河苏州段	河道
	盘门	水工设施
	宝带桥	水工设施
	山塘河历史文化街区（含虎丘云岩寺塔）	历史文化街区
	平江历史文化街区（含全晋会馆）	历史文化街区
	吴江古纤道	水工设施
中运河宿迁段	中运河宿迁段	河道
	龙王庙行宫	管理设施

徐州市内中运河

1. 中运河

中运河为大运河江苏段最北的一段。

中运河北自徐州市邳州黄楼村起，经泇口镇、滩上镇、运河镇、张楼镇至新沂市窑湾镇向西（沿骆马湖西侧），过宿迁市皂河闸向东南沿废黄河经宿迁市区、刘老涧、泗阳至淮阴的杨庄。

隋唐至宋，大运河主要是通过谷洛水、黄河、通济渠、淮河、江淮运河行运。元代定都大都（今北京）后，漕粮从江南运送至北方，为了缩短漕运航线，裁弯取直，从徐州沿泗水直接北上，自南而北先后开凿了济州河、会通河、通惠河三条运河，最终形成了沟通南北的京杭大运河。元代开通的大运河在徐州

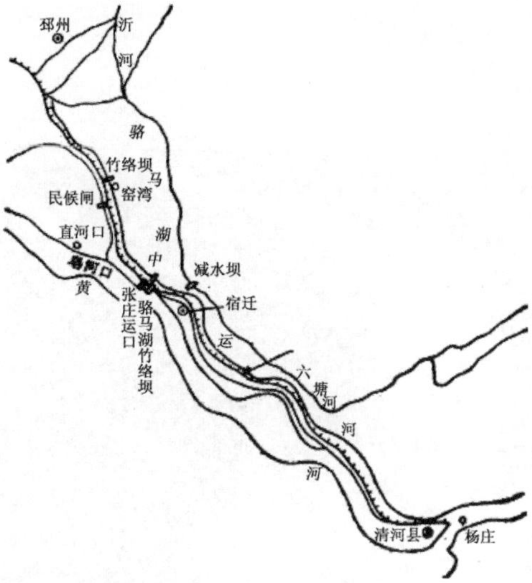

清代开中运河示意图

茶城至淮阴清河段借用近 200 公里的黄河河道，一直延续到明代开泇河和清代开中运河，才实现“黄运分离”。

元代以后的漕运行船十分困难。徐州至淮安的黄河漕运道泥沙易淤积，又逆流行舟，导致航速慢，船只搁浅；冬季易结冰；再加上还有激流险滩，如徐州附近著名的急流徐州和吕梁二洪，就被群众形容为“巨石齿列，波浪汹涌”，船行十分危险。为了避开“漕行河道”的风险，从明万年三十二年（1604 年）开始，总河李化龙主持开挖泇河，“上开李家港，凿都水石，下开直河口，挑田家庄”，泇河由夏镇（今属山东微山县）李家口引水，与彭河经韩庄湖口汇合，又合承泇、沂诸水，出邳州直河口接入黄河，全长 260 余里，避开直河口至徐州黄河行船之险。清康熙二十年（1681 年）及康熙二十五年（1686 年），靳辅先后主持开凿了淮安至窑湾的中运河南段，使黄、运彻底分开，奠定了中运河的基础。

中运河自清初开凿至今，仍在发挥水运、防洪和灌溉等效益。1958 年，中运河改道，即由邳州市大王庙折向西，循不牢河至蔺家坝，再由徐沛河至沛县刘香庄，沿途经徐州市的沛县、铜山、邳州、新沂，宿迁市区、泗阳县，淮安市淮阴区，航道里程为 179 公里，目前仍在通航。

里运河（淮安河下段）

2. 里运河

里运河，即淮扬运河，北接中运河，南隔长江接江南运河，是京杭大运河有确切开凿年代记载里最早开通的一段（与今天大运河河道并不完全重合），持续运用近 2500 年，至今仍在发挥水利效益。

里运河北起淮安杨庄与中运河相接，南至扬州与长江相连，全长约 170 公里，沟通淮河与长江两大水系，主要流经淮安、扬州两市。北端清口枢纽位于黄河夺淮期间黄、淮、运交汇处，历来是国家水利工程兴建和管理的关键区域。

里运河最早起源于吴王夫差于鲁哀公九年（前 486 年）在邗城（今扬州市蜀冈）开凿的邗沟，南起长江茱萸湾，北到淮河山阳湾末口，沟通了长江和淮河两大流域。东汉、东晋均有疏浚。隋大业元年（605 年）隋炀帝“又发淮南民十余万拓浚邗沟，自山阳（今淮安）至扬子（今扬州南）入江”。宋代重点

江南运河：漕船过坝（《帝国掠影：英国访华使团画笔下的清代中国》）

治理邗沟（楚扬运河），改堰为闸。明成化十四年（1478 年），从淮阴杨庄至扬州邵伯，筑新堤于白马湖、宝应、高邮老堤之东，实施河湖分开，基本形成里运河的西堤。

目前，里运河与苏北灌溉总渠、淮河入江水道、淮河入海水道、黄河故道、中运河、淮沭河等纵横交汇。运河东部是里下河地区，有三阳河等排灌河道。西部自北向南依次是白马湖、宝应湖、高邮湖和邵伯湖等。清咸丰元年（1851 年），淮河洪水冲破洪泽湖大堤三河口，洪水由三河经宝应湖、高邮湖和入江水道流入长江，从此，淮河干流由入海改为入江。20 世纪 50 和 80 年代，先后对里运河全线提高标准，对淮阴至淮安、邵伯至长江口段适当改线，使里运河穿过邵伯湖，与淮河入江水道及南水北调工程交叉，河线渐趋复杂，向南接高水河，与江都抽水站相连，南侧汪家窑附近与淮河入江水道的壁虎河交叉。邵伯湖口南侧有运盐、金湾、太平、凤凰、新河、壁虎等归江河道。里运河过施桥镇南入江。

3. 江南运河（江苏段）

江南运河（江苏段）北起镇江，南至苏州、嘉兴两市交界的油车墩，主要流经镇江市、常州市、无锡市、苏州市。它是京杭运河连续使用时间最长、自然条件最好的河段之一。

江南运河的开凿始于春秋时期，吴王夫差元年（前 495 年），伍子胥开凿望亭至奔牛的古江南运河。秦嬴政三十七年（前 210 年），秦始皇凿通奔牛至京口的徒阳运河，使江南运河由苏州延伸至镇江。隋大业六年（610 年），隋炀帝下令开凿江南河，自京口至余杭 800 余里，广 10 丈，使可通龙舟。经过隋代全线整治，河道线路基本固定了下来。

及至北宋，随着苏州境内运河沿线吴江塘路的建成，江南运河逐步与太湖分离而成为独立的工程体系，同时也使这一带有了陆地交通。以江南运河为纽带，苏南地区主要城市贯穿其中，形成以运河为骨干、城河为节点的运河工程体系。尤其是江南运河上运用过的节制工程类型最为完善，堰坝、单闸、复闸以及相应的通航设施及技术，在历史上，江南运河都曾出现并长期使用，部分工程遗址尚存，构成了中国运河节制工程演变的基本脉络。

江南运河原本在镇江市区的小京口、丹徒口通长江，1958 年改在谏壁口入长江，经丹阳市、武进区、常州市区、锡山区、无锡市区、吴中区、苏州市区，于吴江市的鸭子坝入浙江省。江南运河历经两千余年的持续发展与演变，直到今天仍发挥着重要的交通与水利功能。

4. 通济渠（南汴河）

隋炀帝大业元年（605 年），命左丞相皇甫谊，发河南诸郡男女百余万，

江河交汇谏壁口

开通济渠。于三月二十一日开工，八月十五日竣工。分两段开挖：一段自今河南洛阳西隋炀帝宫殿开始，引谷洛水由偃师至巩县的洛口入黄河；另一段自河南的板渚，引黄河水经万胜、开封于北汴河合流。经陈留、杞县、宁陵、商丘，三次穿滩至谷熟，沿蕲县、夏丘（今安徽泗县）至青阳（今泗洪县）西下溧河洼，在临淮（盱眙对岸）入淮河。由于溧河洼地势低洼，引黄济运水流失过多，加之溧西、溧南岗水爆发，航行困难。于大业三年（607 年），又改由青阳经徐城（泗洪县城头）、临淮头折向南，塞断沥水而入淮。渠广四十步，渠旁皆筑御道，树以柳，既可护岸，又可给船工遮荫。现青阳镇到临淮头 31 公里长的古汴河故道尚存完好。

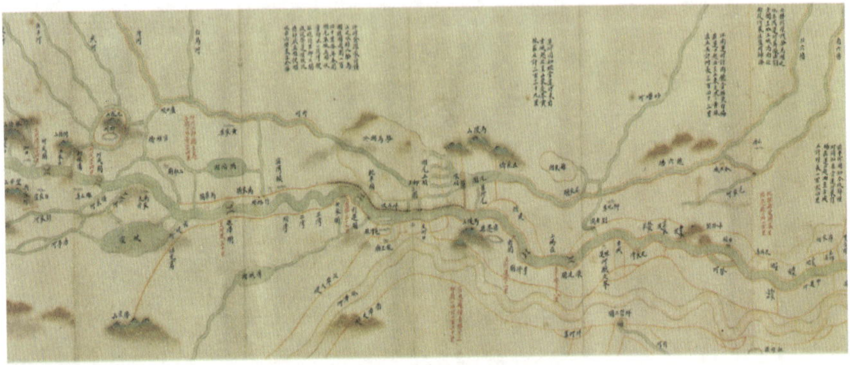

清《京杭运河全图》中运河段

清《京杭运河全图》淮扬运河段

里运河

老串场河阜宁段

（二）运盐河

1. 串场河

串场河是位于江苏省里下河地区①东部的一条用于运盐的人工河道，俗称“下河”，贯穿江苏中部盐城市三分之二市域。它南起南通市海安县，北至盐城市阜宁县，长 130 公里。

据史载，串场河最早开挖于唐大历十一年（776 年），是淮南地方官李承发动民夫沿海岸沙脊筑常丰埝时的“复堆河”（即沿沙脊一侧取土堆堤后形成的河道）。宋开宝年间修堤浚河一次。宋天圣元年（1023 年）范仲淹任西溪

①里下河地区，位于江苏省中部，西起里运河，东至串场河，北自苏北灌溉总渠，南抵新通扬运河，总面积 13 500 余平方公里，属江苏省沿海江滩湖洼平原的一部分。因里运河简称里河，串场河俗称下河，平原介于这两条河道之间，故称里下河平原即里下河地区。里下河地区主要有淮安、扬州、泰州、盐城、南通等城市（据《中华人民共和国地名大词典》）。

盐仓盐官，奉旨重新兴筑捍海埝，结合疏浚复堆河，历时一年多，筑成捍海堤，堤成后，河亦可以通航。随着明清时期范公堤不断向南向北延伸，复堆河也不断向南北拓浚，并有意识地串联沿线各个盐场，逐渐形成了自盐城阜宁至南通海安的运盐河道。从宋代开始，沿新修捍海堤（世称范公堤）一线有海安、富安、安丰、梁垛、东台、何垛、丁溪、草堰（今属大丰）、小海、白驹（今属大丰）、刘庄（今属大丰）、伍佑（今属亭湖区）、上冈新兴（今属亭湖区）、沟墩、庙湾（今属阜宁）等 16 个盐场，因为这条河是串通各盐场的河道，所以通称“串场河”。明代中期，泰州盐运分司衙门由泰州移驻东台场，故该河以东台海道口为界，分南北两段，由海安县向北流经东台市境内富安、安丰、梁垛至何垛场海道口，为南串场河；由海道口向北流经盐城市境内丁溪、草堰、小海、白驹、刘庄、伍佑、盐城至新兴、上冈、沟墩、庙湾，为北串场河。

串场河一线集中了淮盐的主产地，而淮盐课税收入是古代财税收入的重要部分。古人云：“两淮岁课当天下租庸之半”，以清顺治十年（1653 年）为例，全国盐税税课入库 212.8 万两，而两淮盐税入库就达 119.7 万两，占全国盐税的 56.3%，清康熙三年（1664 年），两淮盐税占全国税课的 64.5%，到清嘉庆八年（1803 年），淮盐课税仍占全国的 40.8%。由此可见，串场河沿线的淮盐产区在全国的位置是多么重要。

清雍正元年（1723 年），设泰州水利同知驻东台镇，专门管理下河（即串场河）水利。1958 年后沿串场河东侧新挖（南）通（赣）榆运河与之平行，兼作输水和航运之用。

2. 盐河

盐河位于江苏省东北部，是一条人工开凿的南北流向的内河河道，主要用于运盐，其古称、别称有盐运河、运盐河、盐场河、下中河、官河、漕河等。

今天的盐河起于淮安市淮阴水利枢纽，与京杭运河连接，东北贯通南六塘河、北六塘河、柴米河、沂南河、新沂河、五图河、车轴河、古泊善后河等，达于连云港市新浦，汇临洪闸下注入新沂河入海，长 155.3 公里。沿途所经重要市镇有淮阴区王营镇、涟水县涟城镇、灌南县新安镇和灌云县大伊山镇、连云港市新浦区等。

据《唐会要》记载，盐河最早是唐垂拱四年（688 年）所开的漕河，自海州（今连云港）至涟水县城东三里入淮河，距今已经有 1300 多年的历史。盐河水运物资，历代首推食盐。唐以后，由于产盐重心逐渐移向淮北，盐河成为淮北盐运的主航道。北宋年间，淮北盐场所产原盐，除供应海州外，还由盐船售往淮南、江南、两浙、荆湖等地。元、明、清三代的淮北盐均通过这条航道，其途径是盐船经坨地（盐场附近盐存储地，唐代称官仓，宋代称官堆，明代开始称盐坨）四周的驳盐河驶达盐河，再分别运至淮安河下镇、淮阴西坝等地转运到各销售

清盐河图

江南运河：漕船过坝（《帝国掠影：英国访华使团画笔下的清代中国》）

口岸。陈宣《海州志》曾描述其繁忙景象“盐课所经，官舫估舶，帆樯相望”。历史上各个朝代为了盐税的征收，都非常重视盐河的治理。

北宋元符二年（1099年），吴居厚任江淮发运使，察觉盐河在涟水县城东入淮河一段，被潮水泥沙淤积严重，不能通航。大量的盐要经过陆运接驳转入淮河，费时长、费用大，影响盐运。他就在涟水县城西15里处开支家河通漕，使得楚州（今淮安）与海州之间保证通航，这是盐河进行的调尾工程。

黄河夺淮后，淮河下游泥沙逐年增加，盐河淤积加重，严重威胁盐运。明洪武年间，对支家河进行疏浚，明永乐十二年（1414年）八月，对盐河全线240里进行疏浚。明万历三十八年（1610年），海州知州杨凤在盐河兴建闸坝。到了明代后期，黄河河床淤高速度加快，经常决堤，盐河经常分泄黄河洪水，给沿岸造成洪涝灾害。明万历四十四年（1616年）安东县（今涟水）知县梁士采取疏浚盐河并筑遥堤的措施防止洪水漫决。

清康熙二十六年（1687年），河道总督靳辅为了改变漕运逆黄河之险和分泄骆马湖沂、泗洪水，自宿迁西张庄起自清河县清口对岸仲家庄在黄河遥、缕堤之间开挖中运河。次年又从中运河口的仲家庄闸起，向东再开河，自安东县北平旺河称下中河。中运河与下中河连接处建有双金闸，用以转运淮北盐内销，因下中河使盐河向上延伸至淮阴，后统称为盐河或运盐河。清代在里运河与盐河工程管理的调度上，是优先确保运河漕运，正常情况下严格控制盐河放水，一定要漕运结束后，才准双金闸放水入盐河，抢运食盐。

康熙六年（1667 年），黄河在涟水时家码头决口，历时四年才堵闭，盐河受害严重。康熙四十二年（1703 年），下中河河口移至杨庄北的花家庄，另建闸一座。乾隆二年（1737 年）以后，每两至三年就要启放黄河王营减水坝，清乾隆五十三年（1788 年）由盐河分泄黄河洪水，导致盐河航道逐年恶化，耽搁盐运额度，经盐政全德奏准，从盐商处集资 12.9 万两，在盐河之北，王营附近沈庄向北开一条河经张家河，入南六塘河，至武障河接盐河，与老盐河交替行盐。至道光六年（1826 年），新盐河淤湮废弃，盐运仍走老盐河。今天的盐河，仍然是淮北地区一条重要的泄洪、航运、灌溉的河道。

3. 通扬运河

通扬运河起于扬州市湾头镇，经仙女镇、宜陵、泰州、姜堰、海安、如皋而达于南通，全长 159 公里，用于便利盐粮运输。通扬运河历史上曾用名称较多，初称邗沟，继称盐运河、运盐河、茱萸沟、东塘等。

通扬运河原为汉文帝元年（前 179 年）汉吴王刘濞为运输海盐所开。吴王刘濞辖东阳郡、鄣郡、吴郡 3 郡 53 县，都广陵（今扬州）。刘濞重国用，即山铸钱，煮海为盐，并在长泽洲（应为海滨沙岛，因年代久远，具体位置已经不可考）上建“太仓”，史称“海陵仓”。为便利盐粮运输，刘濞从广陵茱萸湾（今湾头）专门开邗沟通海陵仓至如皋蟠溪。隋唐以后，因海岸线不断东进，复向东延伸至通州（今南通）境内各盐场。

通扬运河既可引水灌溉，又能宣泄淮河洪水，在历史上更是盐运和漕粮运输的主要通道，历代王朝官方一直视其为生命线之一，非常重视对该河的疏浚

老通扬运河（泰州段）

和治理，少则二三十年，多则百年，就对其整治一次，几未间断。宣统二年（1910年），通扬运河淤浅，轮船不便驶行，泰州市姜堰商会丁植卿会同南通张謇出资雇工挑挖疏浚，将此河更名为通扬运河。

通扬运河历史绵延两千余年，一直是里下河地区的航运要道。唐开成三年（838年），日本高僧圆仁随该国“遣唐使”入唐求法，就是从南通掘港上岸后，从通扬运河进入大运河，圆仁后著有《入唐求法巡礼行记》一书记载了详细经过。泰州市水利局在此河与凤凰河交汇处立一石碑，上刻“日本国遣唐使径海陵停泊处”。同时又在东北角立一高6.5米用苏州金山石雕琢而成的汉阙一座，上书“汉运盐河”四个隶书大字，背后刻《汉运盐河记》，叙述了这条河的历史渊源。

胥溪河

（三）重要切岭河道

1. 胥溪河

切岭河道是指通过切断山岭实现河道跨水系沟通的水利工程。胥溪河是位于南京高淳区固城镇与定埠镇之间的运河古道，全长约 30 公里，以东坝和下坝为界，分上、中、下 3 个河段。

相传春秋时，吴王阖闾于鲁昭公三十一年（前 511 年）用伍子胥之谋伐楚，开凿了胥溪河。1987 年，为兴建下坝水闸而疏浚河道的过程中，在清除约 6 米厚的淤泥后，发现了裸露的河床。据现场考古工作者撰文回忆，“河床被开凿痕迹明显”。胥溪河所凿之地为茅山余脉的破碎带，土质十分坚硬，难以想象工具原始简陋的古代劳动人民为此付出了多么艰辛的劳动！胥溪河的通航在

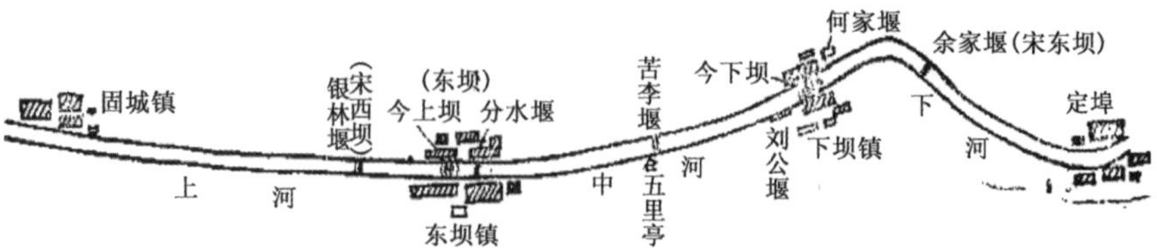

南唐时期鲁阳五堰示意图

当时意义重大，有了它，吴国的舟师就可直接出现在安徽芜湖市附近的大江之中。据说当年吴国六万水军，由太湖出发沿着胥溪河悄悄西进，突然出现在巢湖楚军面前，结果五战五捷，攻破楚都郢。

胥溪河地当高阜，上下游水位落差较大，必须立堰节水，才可挽拽轻舟，以利通航。唐末五代时期，曾筑鲁阳五堰维持航运。唐景福二年（893 年），杨行密在宣州被孙儒围困五月有余，其部下台濛在东坝至溧阳河口约 48 里的河段上，做鲁阳五堰（即银林堰、分水堰、苦李堰、何家堰和余家堰），让船只得以挽拽越堰而过，“卒破孙儒”。到了宋代，水位越来越低，尽管又“添置低堰 11 道”，仍难以航行。而堰太多加剧航运不便，遂废堰而改筑东、西两坝（即现在的定埠和下坝）。至宋末元初，东坝下游河道由于年久失修，两岸高埠水土流失，河床不断增高，终于使得胥溪河淤塞中断。

明初建都南京后，为使两浙及皖南漕运避开长江风浪之险，重开胥溪河。明洪武二十五年（1392 年），动员 35.9 万余人，浚深胥溪河 4 300 余丈，并于分水堰旧址附近建石闸，启闭以通船只，名广通镇（今东坝镇）闸，同时在固城湖、石臼湖开挖深河，以保低水位时漕运畅通。明永乐都城北迁后，江浙漕船改由镇江渡江北运，胥溪河再一次失去重要地位。永乐元年（1403 年），朝廷改石闸为土坝。正统六年（1441 年），江水暴涨，洪水冲决土坝，使苏、常一带再次遭受水害。正德七年（1512 年），又在原坝基上加高三丈，自此胥溪河水不再东流。嘉靖三十五年（1556 年），沿坝居民又在坝东 10 公里处建起下坝，起了为东坝升水护坝的作用。

中华人民共和国成立后，加强了胥溪河治理，并于 1990 年恢复了河道航运功能，作为芜申运河的一段成为苏皖之间重要的航运通道。

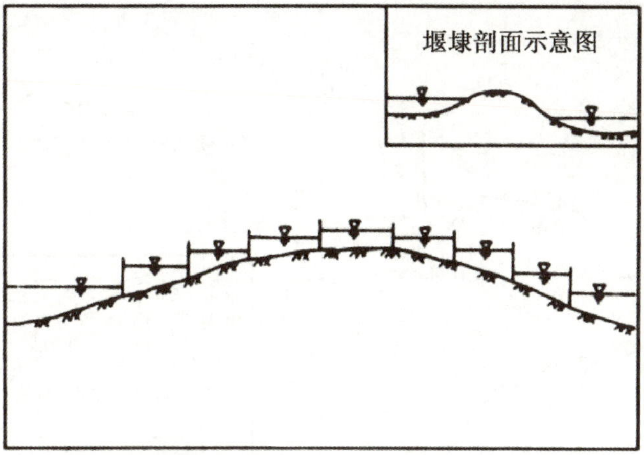

六朝时破冈渎梯级航道剖面示意图（《镇江历史文化大辞典》）

2. 破冈渎

破冈渎是三国时开凿的人工运河，长约 15 公里，当时是通往京都建业城（今南京）的运输干线，使太湖地区船只一度不需经京口（今镇江）入长江而直达建业，避免了长江中行船的风险。在今句容市东南 11 公里的春城乡附近还现存有一段狭长水面，就是当年破冈渎的一段遗址。

吴大帝黄龙元年（229 年）九月，孙吴政权自京口（今镇江）迁都建业后，南京六朝古都、十朝都会的历史由此拉开序幕。但由于当时主要经济区仍在太湖流域，为避开长江镇江江段的风波之险，孙权于赤乌八年（245 年）派校尉陈勋率屯田兵士 3 万人，在茅山冈地上的分水岭处开凿“句容中道”至云阳西城（今丹阳市延陵镇西），号“破冈渎”，东西走向，西通秦淮河水系，东入原丹徒水道通太湖流域。为了解决航道水源，赤乌八年（245 年）前后，孙权派人在江宁和句容间修建赤山塘（今赤山湖），引水为湖，周围 60 公里，积

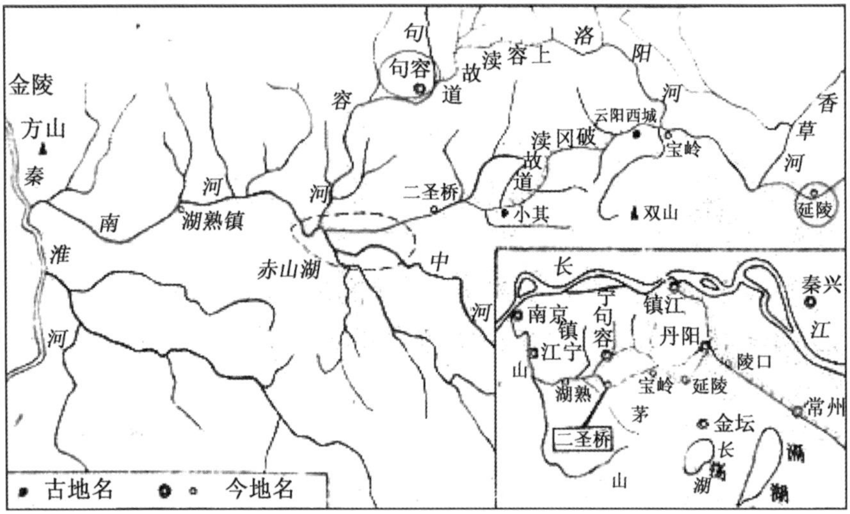

破冈渎与上容渎位置示意图

水济源，作为破冈渎航道的水柜（水柜是古代水利工程方面的特定名称，多建在山岭之间，或运河航道上游湖洼地带，既可大量蓄水，又可在缺水时引水灌溉、蓄水济航）使用。

破冈渎最大的特征就在于其由冈顶向两侧各建7座堰埭（埭，是堵水的土坝，又称软坝，既能蓄水又能通航，是助航设施。古代会在江河水流湍急、沿路险阻处设埭，用于牛或人力助船只通过埭。江苏境内有方山埭、龙都埭等遗址），从制高点开始通过一系列堰埭来分段节制、拦蓄水源、控制水位。船只要过渎，必须借助人力或者牛力一级一级过堰埭，才能继续航行行程。破冈渎上的埭是中国文献记载中较早的埭，堰埭的修建设置使其成为我国有记载以来最早的完全用建筑物控制水量的运河，体现了当时水利工程技术水平之高。

南梁时，为避太子（萧纲）讳，改破冈渎为“破墩渎”，随后废破冈渎，在它的南边借助句容河与洛阳河水源，另开了一条运河“上容渎”。陈武帝永定元年至三年（557—559年），因上容渎淤塞严重，又将其废掉，重新修浚并使用破冈渎航道。隋朝灭南朝陈以后，建康（即南京）不再作为都城，破冈渎的漕运作用随之丧失。隋大业六年（610年），隋炀帝浚拓江南河，下诏废除破冈渎，破冈渎逐渐废弃。破冈渎完全淤塞可能在唐代晚期，其前后存在达 500 ～ 600 年。

在南朝《异苑》一书中还记载了这么一件有趣的事：陈勋在带兵凿岗切岭时，“竟掘得一黑物，无有首尾，形如数百斛舡，长数十丈，蠢蠢而动，有顷，悉融液成汁，时人莫能识得此。之后，遂获泉源。或谓是水脉。每至大旱，余渎皆涸，惟此巨流焉”。这里的水脉，极有可能是地下挖出的喷涌的泉水，后来被老百姓神话成为鼍龙了。当地民众曾捐款建了座“鼍龙庙”，每年正月十二，附近民众都来这里赶庙会，烧香拜佛、唱大戏、做买卖，从早到晚，非常热闹。直到 1952 年，“鼍龙庙”才被拆除。

3. 胭脂河

胭脂河全长 7.5 公里，中间有 4.5 公里为切开石臼湖与秦淮河的分水岭——胭脂岗切岭，沿岸奇峰倒挂，怪石高悬，因河两岸险峻、陡峭、秀丽、幽深，素有“江南小三峡”之美誉。

胭脂河流经今南京市溧水区洪蓝、永阳两镇，沟通秦淮河及石臼湖两个流域。河道北起一干河的沙河口，向南至石臼湖。其山岗由砂岩、砾岩和部分页岩组成，开深 30 多米，底宽 10 多米。

胭脂河是明朝朱元璋为沟通江浙漕运而开凿的一条人工运河。明洪武年间，朱元璋定都南京，四方贡赋多由长江运抵京城，但“岁实浩繁。一自浙河至丹阳，舍舟登陆，转输甚劳；一自大江泝流而上，风涛之险，覆溺者多”。为了解决这个问题，朱元璋决定在溧水兴办一项巨大水利工程——开凿胭脂河。

根据《明史》所载：洪武二十六年（1393）九月，李新受命凿河，第二年河成，“西达大江，东通两浙，以济漕运，民甚便之”。然而，要开挖深达 30 米左右的人工河，而且任务重工期紧，难度可想而知。在缺乏爆破技术的历史条件下，李新采用“火烧水激”的传统工艺，利用热胀冷缩的原理，“烧蔴炼石，破块成河”。具体方法是先在岩上凿缝，嵌入麻丝，浇以桐油后，点燃使石热，泼以凉水，石乃裂，撬下后，从河谷提升 2 ～ 3 米运至数十米外。在近代浚复

胭脂河

河道时，近岸不远的堆土区还散布有当年切岭时留下的巨大石块，有的竟重达数十吨。当年没有起重机械，这些全凭服役民工协力拖曳而出。据有关史料说，整个工程动员了周边六郡民工数万人“穷日夜凿之”，“役而死者万人”。胭脂河沟通了秦淮河、水阳江两水系，既解决了漕运的困难，又为商贾民旅带来方便。

在开凿胭脂河时，工役们匠心独运，在河道上“以巨石面留为桥，中凿石孔十余丈，以通舟楫，桥因势而成，故名天生”。在以后的几百年里，天生桥成为溧水县向西的唯一陆路通道。可惜南桥早在明世宗嘉靖七年（1528年）崩塌，仅余北桥。现存天生桥长34米，宽9米，厚8.9米，桥面高程35米。天生桥是在人工运河上留下巨石而成，国内仅此一座。

明朝溧水县令王弼曾在此留《过天生桥》诗曰：“千峰飞峙若龙门，乱石巉岩似虎蹲。凿后定应元气泄，看来竟觉地维分。两崖空溅奸臣血，一派长流圣主恩。今日扬舲泛秋色，败芦残菊自黄昏。”20世纪90年代初国家水运规

天生桥

划设计院院长胡家明教授称之为“在全国乃至全世界独一无二”，为金陵新四十八景之——凝脂沉霞。

二、清口水利枢纽

清口水利枢纽

清口水利枢纽，又称淮泗口、泗口，是古代大运河沿线工程设施最多、遗产分布最广、国家投入最大的综合性水利枢纽，具有蓄清、刷黄、济运、保航的作用。该枢纽位于黄河、淮河与里运河北段、中运河交会的位置，今淮安市区西侧的码头、杨庄一带，其中的水利遗址主要有码头三闸遗址、顺黄堤、天妃坝砖石工程和惠济祠遗址。

南宋建炎二年（1128年），东京（今河南开封）留守杜充为阻金兵，决开黄河，由汴入泗在清口（原泗河与淮河交汇口）夺淮河入海。由于黄河泥沙含量较大，将原淮河河道不断淤积抬高，使淮河泄流日趋不畅，在清口上游潴积形成洪泽湖。从公元14世纪起，黄河、淮河、运河交汇的清口地区就面临着由于黄河泥沙淤积而产生的河床抬升，使运河无法从淮河供水，并在汛期常常被黄河倒灌的问题。为此，统治者以不断加高加固洪泽湖大堤的方法，使洪泽湖水位高过黄河水位，导引湖水从清口流出刷深黄河河道，并供应运河用水。同时将运口南移，远离黄河，以方便从洪泽湖供水，并在运口内建立多处闸坝，节制水位、防止淤塞，实施“束水攻沙”“蓄清刷黄”的方针，至16世纪，清口水利枢纽初步形成。

公元17—18世纪，清口枢纽不断调整改造相关工程设施，采取了导引淮河河水（引淮）、防御黄河决口（御黄）等多项综合措施，保障淮水顺利流出进行刷黄济运。但是，黄河泥沙在清口的淤积速度远大于清口引河的冲淤量。

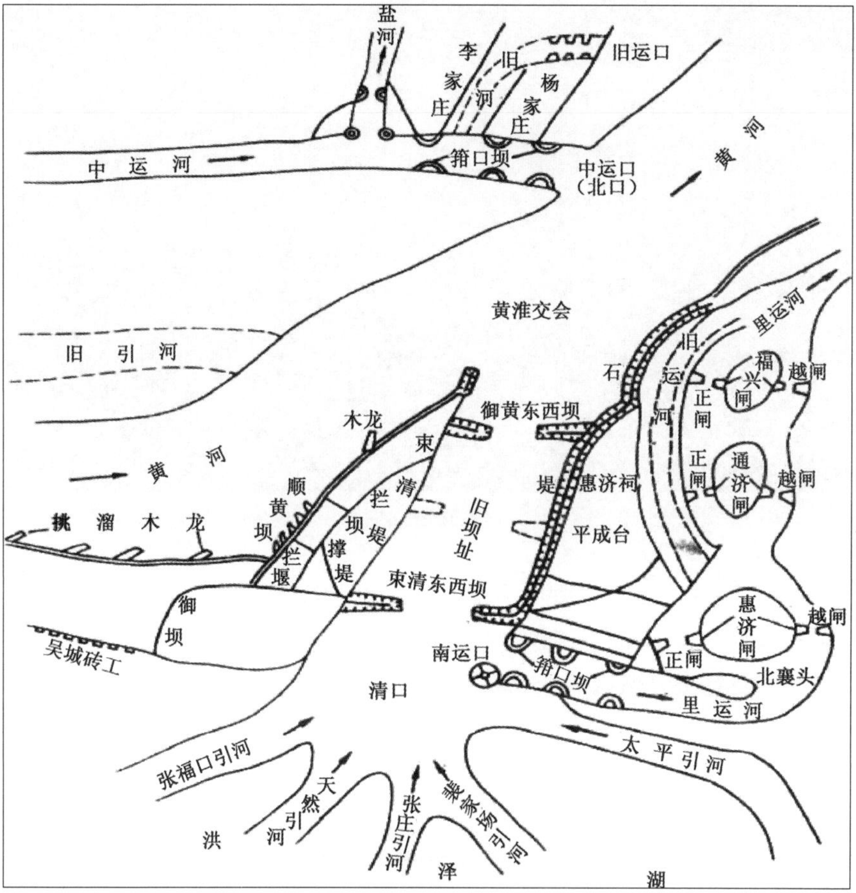

乾隆五十年（1785 年）清口形势图

至公元 18 世纪末 19 世纪初，蓄清刷黄的措施已经基本失效，严重淤积的清口地势相对较高，造成淮河河水难以冲出清口，而东出洪泽湖下泄至高邮湖、宝应湖，同时黄河水常从清口倒灌入地势较低的运河，造成运河泥沙淤积严重。

清道光四年（1824 年），清口枢纽放弃原先采用的“蓄清刷黄”的方针，改为以“灌塘济运”方式通航。在临清堰和御黄坝之间形成一个可容一千多艘船的塘河，用水车抽清水入塘，塘内水位高于黄河时便开坝放船入黄河。至此，黄河与淮扬运河已实质上被截断。清咸丰五年（1855 年），黄河向北改道，夺大清河入渤海，清口水利枢纽也失去了作用。

清口枢纽航拍

清口水利枢纽作为大运河沿线最重要的水利工程遗产点，横跨里运河、中运河、黄河故道、淮北盐河、洪泽湖区（含洪泽湖大堤、张福河等7条引河、窑河等），覆盖面积数百平方公里，其中又包含很多小的遗产“点”、遗产“线”。黄河北徙以后，至1935年淮阴船闸投入运行以前，其设施的主体功能仍在发挥作用，服役的时间累计超过350年，其中甚至不乏宋元时期的水利工程遗存。

清口水利枢纽水利遗产

类型	遗存
闸	码头三闸、古清江闸、仲庄闸、陶庄闸、杨庄闸、双金闸、新旧草闸
坝	天妃坝、康熙御坝（挑黄坝）、顺黄坝、拦黄坝、御黄坝、束清坝、运口头二三坝、济运坝、王营减水坝
堤	黄河两岸缕堤、遥堤（汰黄堤）、临清堤、临清束水堤、临湖堤、拦湖堤、拦河堤、张福口横堤、太平堤
堰	高家堰临清堰、临黄堰
运口	南运口、北运口（仲庄运口、李家庄运口、杨庄运口）
运道	“隋炀河”遗址（尚有河床）、宋洪泽新河遗址、中运河河道
祠庙	天妃庙、河神庙、风神庙、大王庙、龙王庙、关帝庙、陈恭襄祠、陈潘二公祠、黎襄勤公祠、吴勤惠公祠、四公祠
河漕衙署	漕运总督署、河道总督署等

码头三闸遗址

1. 码头三闸遗址

码头三闸遗址位于淮安市淮阴区码头镇政府以东 500 米，向东北延伸至中运河、里运河与二河交汇处。三闸由上而下（由南而北）依次为惠济闸、通济闸和福兴闸，三闸对水势梯次约束，大大缓解了水流速度，也化解了水势落差，保证了河道的终年通航。

惠济闸又名天妃闸，是大运河上最著名的石闸。当时，在运河上流传这样一句话：“上有广源闸（北京），下有天妃闸（即淮阴头闸）。”清康熙皇帝、乾隆皇帝每次南巡，都经过这里，数次在此小住。

在三座正闸旁，均建有越闸、越河（主要作用是分流，既减缓流速，又能增加过船的数量），正闸在西、越闸在东，其旁皆有大王庙，所以码头三闸实际有六座闸，如正闸损坏，即可启用越闸。六座闸的结构型式基本相同，闸门宽七米余，闸身长十二米，闸槽两道相距约两米，闸高十米以上。因联系三闸正、越闸的正越河形似葫芦，当地人称为葫芦河，正、越闸之间的陆地称为葫芦岛。

码头三闸所在的这段长仅七八里的河道，是万历初年总理河漕潘季驯创建的“之”字形河道，以实践他的“蓄清刷黄”之策。漕船沿运河北去必须经过三闸，把漕船拉到水位高于黄淮交汇处的清口（淮河口）的运口（运河之口），然后才能由高向低从运河进入淮河，再进入黄河或中运河北去。码头三闸依次联通，闸上下游水位落差，惠济闸为二尺半，通济、福济两闸皆一尺余，水势盛涨时落差更大，过闸犹如登上三级阶梯，完全靠人力拉纤，航途艰险。《淮阴风土记》记录了舟船过闸时的情景：“下闸须善为把舵，上闸又须用力绞关。当绞关时，爆屑纷飞，锣声轰发，一时岸上居民，无老无幼，悉受闸夫雇用，为之邪许，随锣声之紧慢，为用力之缓急。下闸亦不易，迎溜尤为大忌……每多雇用积年闸夫，为之管舵。”漕船逆水上行，过闸速度很慢，先经惠济祠之东，绕经惠济祠西面再向北行，需三天才能由惠济祠东到达祠西，所以当时有谚语称“南河有个奶奶庙，东山头到西山头，三天三夜”。这个奶奶庙就是惠济祠，从祠庙的东山头到西山头需要三天三夜的时间，可见行船的艰难。

清末民初，各界人士倡议导淮，并逐渐引进西方水利科学技术，在苏北运河上建邵伯、高邮小船闸，淮阴、刘老涧等现代化船闸。淮阴船闸于民国二十三年（1934 年）开工，民国二十五年（1936 年）竣工通航。淮阴船闸建成后，过往船只避免通过码头三闸之险，改善了航行条件，三闸遂被取而代之。

解放后，码头三闸被拆毁，今遗址尚存。惠济、通济两闸的闸塘仍在，两闸附近的葫芦形运河遗址还比较完整。码头三闸遗址为重要的水工遗产点，是世界文化遗产中国大运河淮安段两个遗产区之一的清口枢纽的核心区。

唯一存世的一段顺黄坝

2. 顺黄堤

顺黄堤又称“顺黄坝”“挑水坝”，是黄河南侧缕堤的关键工程，其功能是使得淮河水能够从清口畅出，逼迫黄河大溜（即河道中心速度最快的水流）直趋陶庄引河，沿着黄河北岸以行，避免了黄河水倒灌，达到“蓄清敌黄”的工程目标。

顺黄堤位于淮阴区码头镇玉坝村境内，以北紧贴今黄河故道。关于顺黄堤的形成，历代文献有较为详实的记载。明嘉靖十三年（1534 年），刘天和治河，浚河运淤积，修筑堤防，“筑缕堤以防冲击，置顺水堤（即初期顺黄坝）以防满溢”。清代沈香成《河口图说》载：“国初，运口逼近，每遇黄涨，病运病湖，筑顺黄堤以防黄水。”

清口顺黄坝当年是多灾多难的地方，也是牵动帝王河臣精力最多的地方。

顺黄坝

“康熙三十八年(1699年)，康熙皇帝第三次南巡时阅视河工，指示开陶庄引河，在孙庄（今玉坝村5组）建挑水坝，又在清口外建挑水大坝，始竣称御坝，在东坝筑顺水堤至束水西坝。康熙四十二年(1703年)，又自清口外，挑御坝迤东，接顺水堤到御坝，共长480丈5尺，后来的20余年间大筑黄河各处的挑水坝，不可胜计。乾隆七年（1742年），在南岸积土之外，筑束水堤891丈，又在拦黄坝迤上加筑顺黄坝130丈”（《淮系年表》）。清道光四年(1824年)，黄水大涨，顺黄坝冲决百余丈，洪泽湖大堤岌岌可危。河督严烺、张井率八千余民工在清口抢险筑坝，又祭神以碎石、埽工堵决。由此可见，顺黄坝在当时的清口至关重要，时堵时闭、反复无常。亦由于经常不断的堆筑，使顺黄坝不断延长和加高，至今仍巍然壮观。

2009年和2012年，考古工作者两次对顺黄坝遗址进行了考古发掘。先后清理出清代埽工、石工、碎石护坡及木桩等一批重要遗迹，并出土了万余枚古代钱币。顺黄坝遗址的各种遗迹现象可以印证顺黄堤的重要性。

(1)埽工遗迹

两次考古工作均清理出埽工遗迹，2009年清理的埽工共5层，埽层之间填土，2012年清理出埽工6层，为了保护遗迹仅清理到埽工面，未做进一步的解剖。两次发现的埽工遗迹皆以芦苇铺筑。埽工层层堆积，横纵相间，错落有致，层层致密。

埽是中国特有的一种用树枝、秫秸、柴草和土石卷制捆扎而成的水工构件，

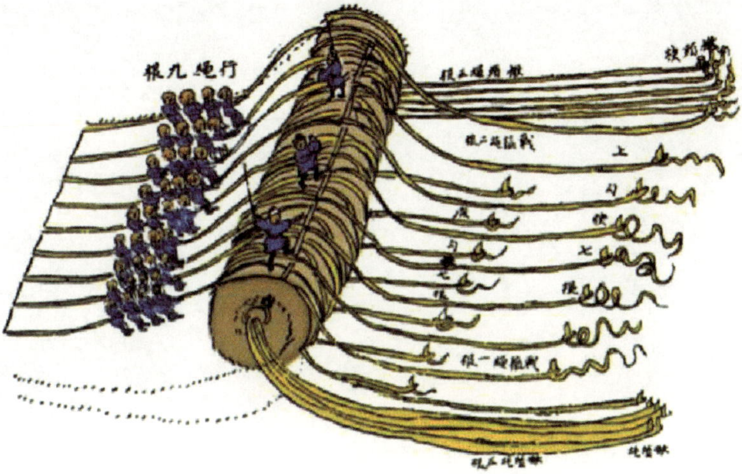

卷埽

主要用于构筑护岸工程或抢险堵口。单个的埽又称为捆、埽由等，多个埽叠加连接构成的构筑物则称为埽工。埽工在我国已有两三千年的历史，主要用于黄河等多沙河流上，是中国古代水工技术的创造之一，是具有中国传统工程特点的重要的护岸工程，具有因地制宜取材，适应河流特性的特点。

当年，清口地区是黄淮交会之地，堤坝无数，且常决常堵。据康熙、乾隆、咸丰、光绪等地方志载：明、清时的清口堤坝数百条，埽工无数个。如七堡埽工、顺黄坝埽工、南坝埽工、束水坝埽工等。由此可见，顺黄坝下的碎石、秸秆碳化物，就是当年堵决的埽工。

（2）石工遗迹

2012 年考古工作清理出不规则形分布的石工遗迹一片，已揭示的部分长 16 米、宽 3 ～ 7.5 米、高 0.2 ～ 0.5 米。由碎石堆放而成，西高东低并分别向两侧延伸。石头颜色各异，有黑色、绿色、红色及白色等，皆为碎石，较为杂乱，堆放状态不似天妃坝规整，推测为倾倒所致，这也与相关文献中关于乾隆后期石工采用“抛石”方法堆筑的情况吻合。

（3）钱币等遗物

2009 年考古工作在埽层与护坡之间，面积约 5 平方米的范围内，清理出土古钱币万余枚，有成串摆放于石头缝隙中，也有零散分布，目前发现的钱币有北宋“元丰通宝”，明代“万历通宝”，清代“顺治通宝”“康熙通宝”“雍

顺黄坝 -2009 年发掘解释的埽工层层叠压的情况

顺黄坝 -2009 年迎水面埽

顺黄坝 -2012 年发掘的埽工与碎石坦坡

顺黄坝 -2012 年发掘揭示的木桩

正通宝”“乾隆通宝”“嘉庆通宝”“道光通宝”以及日本的“宽永通宝”越南的“景兴通宝”等。其中以清“康熙通宝”“乾隆通宝”“嘉庆通宝”数量最多。这些钱币均是祭祀河神所用。

中国古代有着传统的祭祀河神的习俗，清代朝廷极为重视祭祀河神。据《清河县志》载：康熙皇帝 6 次南巡，每次过清口总是先祭祀河神庙。到高宗乾隆更加信奉河神。乾隆四十二年（1777 年）五月，在清口顺黄坝与南坝堵决时，便依乾隆皇帝口谕在决口处祭祀撒钱。钱币遗物体现了中国古代对清口处黄河堤防的重视。

顺黄堤坝体的走向为西南和东北方向，原堤高 12 米、顶宽 4 米，底宽 82 米，与黄河南岸缕堤相向，今尚存 1 200 米。

保存较完好的天妃坝砖石工堤

3. 天妃坝砖石工堤

天妃坝是为里运河入黄淮交汇处抵御激流冲击的保护性堤防设施，是里运河堤防体系的重要组成部分。

天妃坝位于淮阴区码头镇码头村(原二闸村)，里运河西堤上的惠济祠附近，天妃坝北起现二河中部位置，向南延伸穿过明远路与卞家汪石工相连，整体呈东北—西南走向。天妃坝目前保存完整段不足 200 米，其余地段在距现在地表 3～5 米深处仍断断续续残存。

历代古运河图与漕运图对紧邻惠济祠遗址的清代石工均有详细的著录。天妃坝的建造，其中一个重要目的是为保护惠济祠不受黄淮激流的侵害，从侧面反映出惠济祠在当时淮安清口地区的重要性。

有关天妃坝石工，历代文献中多有记载。其中咸丰《清河县志》记载较为详细：“天妃坝石工，明万历七年建，康熙三十年重建，乾隆十九年石上加砖，嘉庆十四年加高堤工，通行包筑，石工遂埋于堤内，不可复识矣”。2008 年

天妃坝石工 / 砖工

和 2011 年，淮安市博物馆考古队对天妃坝遗址前后进行了两次考古工作，共揭露 3 处堤坝遗址。其中 2008 年发现的石工堤坝分为总高 6.66 米的上、下两段，条石共 15 层，砖共计 26 层。下段石工下面还暴露出直径 10 厘米的木桩。

2011 年发现明代砖工堤坝与清代石工堤坝两段不同时代的堤坝，两处堤坝相距 1.7 米。其中明代砖工长 18 米、宽 1.5 ～ 2.35 米、高 1.6 米。整体呈中间向外（向西）凸出，两边分别向东北和东南延伸并弯曲的“弧形”，东西剖面为上窄下宽的梯形，砖与砖之间用三合土粘合。清代石工长 44 米、宽 0.15 ～ 1 米、高 2.2 米，整体呈弯曲状。坝体为砖石混合结构，下段外部为条石砌筑，共 3 层。上段在条石上砌砖，共有 7 层，最上面一层亦为条石。砖上有四种铭文，分别是“成”“元”“钦工”“古口”。“成”与“元”应为窑厂窑主姓名，类似于今天的商标。“钦工”铭文出现较多，说明天妃坝所在的位置十分重要，这段工程为皇帝亲点钦差大臣来监督完成的，因此其质量与重要性都是不言而喻的。结合《河防一览》、乾隆《淮安府志》等文献记载，推测分析砖工遗址应为明万历七年（1579 年）所建，石工遗址为清康熙三十年（1691 年）重建，是一处险段，受皇帝亲自监督。

天妃坝坝体遗址保存较为完好，工程坚固，气势恢宏，明代砖工为第一次发现，为研究明代清口堤防体系的建筑材料、砌筑结构等方面提供了第一手资料，对于确认古运河河道、运口位置的变迁，了解黄河、淮河淤积深度等方面的研究具有重要意义。

惠济祠碑

4. 惠济祠遗址

惠济祠遗址同样位于淮阴区码头镇码头村。惠济祠据重冈之上，地势如脊，其左右及前方皆运河。

据清咸丰《清河县志》载，惠济祠俗称“奶奶庙”，始建于明正德三年（1508年），最初称“泰山行祠”，供奉泰山碧霞元君。明嘉靖初年，嘉靖皇帝的生母章圣皇太后渡过黄河来到这里，给太山行祠赐匾额为“惠济”二字，取“给穷苦的人们以恩惠”之意，因此“泰山行祠”就改成了“惠济祠”。

御制重修惠济祠碑亭

清代康熙年间，惠济祠又增设“妈祖娘娘”的神位，将惠济祠改为天妃庙。妈祖娘娘福河济运，非常灵验，因此惠济祠备受皇帝与朝臣的崇敬，尊行春秋致祭，列入祀典。康熙、乾隆皇帝曾亲临祠下，虔诚进香。特别是嘉庆皇帝还将其请进紫禁城大内御园，隆崇之至。盛名之下，惠济祠终年香客如云，香烟缭绕，淮河上下，大江南北，一时无与伦比。乾隆十六年（1751 年），乾隆皇帝南巡时曾驻跸于此，建行宫于左，因命重修。原建筑规模宏大，仿内府坛庙式，火珠耀日，飞阁凌空，虽在郊原，而有皇居之美。有前殿、行殿、篆香楼、碑亭、回廊等建筑，占地面积约 2.5 万平方米。山门内左右两碑亭，黄瓦覆盖，为乾隆御诗碑。碑亭形状富丽，犹如金伞。大殿前有门，金书“碧霞元君祠”五字，门系穹顶，故有“无梁殿”之名。正殿奉天后圣母像，相传为泰山之女，即所谓碧霞元君。

民国以后，惠济祠逐渐遭到破坏，现建筑无存，有石础（中国古代木架构建筑的柱下垫石，主要用来防潮）、石鼓（汉族传统民居建筑门口的构建，也称“门当”，形状多为圆形，也有方形石鼓）及大量的黄绿琉璃瓦构件等，遗址上现仅存御碑一块，即御制重修惠济祠碑。该碑于清乾隆十六年（1751 年）高宗南巡时立于惠济祠前，高 4.8 米，底宽 1.63 米，座宽 1.36 ~ 1.38 米，碑座厚 0.76 米，碑身厚 0.5 米。碑的正面刻有高宗乾隆帝亲拟的碑文，共 20 行，计 749 字。碑文称颂了康熙帝数次南巡视察黄淮水利工程，筑堤坝、挑中河、根治水患，使百姓安居乐业、五谷丰登，漕运船只尽避黄河之险等业绩，并记述了乾隆十六年重修惠济祠的情况。碑的背面刻有乾隆帝于 1757 年春 2 月御笔《谒惠济祠》，左侧为 1780 年乾隆御笔行书诗《谒惠济祠作》。碑额镌刻蟠龙卷云图，碑座为双龙对向图，碑型别致，雕刻精美。御制重修惠济祠碑雕刻精美，文字清晰、完整，是苏北地区保存最好的御书碑。惠济祠遗址和御制重修惠济祠碑是清康乾时期治河、导淮、济运的重要历史见证。

三、堤坝圩堰

堤坝圩堰

明代弘治年间，朝鲜人崔溥行经大运河，在《漂海录》清晰地描述了运河沿线水利设施的功能：“水泻则置堰坝以防之，水淤则置堤塘以捍之，水浅则置闸以贮之，水急则置洪以逆之，水会则置嘴以分之。”

堤指用土石等材料修筑的挡水高岸。江苏境内重要的堤防遗存包括大运河堤防、黄河明清故道堤防、洪泽湖大堤，以及挡潮御卤的范公堤、苏南海塘等海防工程。其中，黄河明清故道由于泥沙淤积，导致河床抬高，全河需要堤防防止决口，同时要达到“束水攻沙”的目的，因此堤防遗存最为复杂，沿线纤堤、缕堤、遥堤、月堤、格堤、汰黄堤等多道堤防并存，形成了复杂的堤防体系。

坝是建筑在河工险要处、截住河流或巩固堤防的构筑物。我国古代的坝一般包括拦水坝、分水坝、滚水坝等类型。江苏境内著名的坝有洪泽湖大堤上的信坝、大运河上高邮石堤的车逻坝、清口枢纽的天妃坝、顺黄坝遗址等。

圩田是在河谷、湖滩、洼地等地区，通过修筑圩堤，将原来的水边地或洼地变成旱涝保收的良田。江苏境内太湖流域有修筑圩田的悠久历史，著名的有芙容圩、皇圩等；石臼湖、固城湖地区有永丰圩、相国圩等有名的圩区；秦淮河、滁河沿岸古代也是圩田遍布；苏北的里下河地区，也分布有大量的圩田，至今滋养着一方百姓。

堰，是一种横越河川的障碍设施，可以改变水流的特性。一般而言，堰的尺寸比水坝小，水会在障碍物的后面累积成水潭，积满后会越过顶部流往下游。堰用来引水进入灌溉通道、防范洪水及增加水深以利于通航。江苏历史上著名的有高家堰、奔牛堰等。

大运河堤防

（一）大运河堤防

江苏的京杭大运河沿线，都有堤防系统，用以控制水位、陆路交通和作为漕船拉纤的纤道。

江苏总体上西高东低的地势，用来调蓄运河水量的水柜如骆马湖、洪泽湖、白马湖、宝应湖、高邮湖、练湖等，除骆马湖外均位于运河西侧，致使洪水压力大都集中在东堤一侧，因而运河东堤险要地段多砖石砌筑，保存下来的也更多。为了保护东侧堤防安全，在中运河上清代有刘老涧草坝分泄洪水至六塘河排出，洪泽湖大堤有仁、义、礼、智、信五坝泄洪，经宝应、高邮等湖排出，保护大堤安全。里运河则有归海五坝、刘堡减水闸等保护堤防主体。即便如此，里运河堤防历史上还是经常决口，给下游造成灾害。苏州的吴江塘路则是在水网密布的太湖东侧修建的用于大运河沿线陆路交通和纤道的湖堤，至今仍保存着原始的风貌，弥足珍贵。

河下运河石堤

1. 河下运河石堤

历史上，淮安旧城的运河东堤，历来是保护淮安城免遭洪水灾害的重要屏障，石堤位于淮安市淮安区西北运河东岸。河下古镇位于运河东侧。

河下运河是明永乐十三年（1415 年），陈瑄沿着宋代乔维岳所开沙河故道开凿的，运河堤防原为土堤，用以引舟行人。万历二年（1574 年）发大水，淮安知府邵元哲修筑长堤，万历五年（1577 年）漕运总督吴桂芳与知府邵元哲又增筑加固。天启四年（1624 年），淮海道宋统殷又进行治理，将此段里运河堤改为砖石堤，“下埋石四层，以固其根；中布砖十二层，以坚其身；上覆石二层，以胶其面；里凑石二层，以饱其腹”。修成后，“蜿蜒长虹，湖光映带，室庐相庆”，以保障城市安全。

清康熙三十八年（1699 年），康熙帝第三次南巡，四月，谕河道总督于成龙等："运河东岸石工残缺者，仍令照旧补修，其土工堤内积水之处，下埽帮筑。"据乾隆年间的《淮安府志》记载，明天启年间所建护城石工"后俱倾废"。当年即重建淮安城西的这段石工，长360丈。乾隆十六年（1751年），乾隆皇帝首次南巡经过淮安，看见城北一带是人烟凑集之区，可是城外"内外皆水"，虽然有土堤为之防，但是一旦洪水袭来，后果不堪设想。他立即命将淮安城北一带的土堤改建为石工，以资保障。于是，河督高斌等"建淮安东堤石工，自漂母祠迤北石码头起至北角楼旧石工头止，长450丈，砌石11层"，南接康熙时建淮安旧城段石堤。两年后，黄河、淮河并涨，淮安城即赖此石堤得以保全。乾隆帝将改筑淮安府城西北石堤作为自己的一项功绩，此后五次南巡经过淮安均临幸阅视，并各作一首《阅淮安石堤》五言诗纪咏其事。

河下运河石堤至今保存完整，解放后曾作为淮扬公路使用，至今仍然可以行车。石堤全长约500米，高5米，堤外侧全部用宽约0.4米，厚约0.4米，长0.8～1.2米不等的条石堆砌而成，石质为青石、麻石等，是古人整治运河的重要实物见证，如今为全国重点文物保护单位大运河淮安段的16处保护节点之一。

2. 邵伯石堤

清康熙五十三年（1714年）修建邵伯运堤，用于防止运河决口、位于扬州市江都区邵伯镇邵伯明清运河故道东岸，遗存长逾300米，堤高4～5米，堤防沿线保留了完整的码头、古堤、古街的格局，具有浓郁的运河古镇风貌。

清代《甘棠小志》记载，邵伯段的运河堤形成于南宋绍熙五年（1194年），这一年，黄河大决于阳武（今河南省原阳县境内），主流循汴道南下，由封丘至徐州入泗水，至淮阴夺淮河入海。从此，黄河夺淮，淮水受阻。当年即大筑里运河扬、楚之间的堤堰、石䃮（即平水闸）、斗门，史称绍熙堰，是里运河邵伯以北有长堤之始。

邵伯运河堤及路面

清康熙五十三年（1714 年），修建邵伯运堤东岸石工，大堤底部为石块垒叠护坡，上部以城砖砌筑，顶部压一层条石，真实性、完整性好，其中一段，就是保存至今的邵伯运河古堤。邵伯运河古堤上层大砖的砖面刻有两行字：上刻“镇江府丹阳县口记”，其中“口”模糊不清，像“董”字，但难以确定；下刻“堤工总局”。“堤工总局”相当于今天的堤防管理部门，“口记”则表明大砖是某家窑厂烧制，之所以留下“口记”，是当大砖出现质量问题时，“堤工总局”就会追究“口记”的责任。此后，清朝年间进行过两次重修，有两块石碑见证，一块刻字“金隄永固”（光绪十六年堤工总局修），一块刻字“甘棠保障”（宣统二年四月堤工总局修）。民国时期，堤防加固仍未间断。1946 年春，苏皖边区人民政府发动高邮、宝应、樊川民工，修整邵伯至泾河运堤，长 99 公里，毁掉日本侵略军、伪军遗留在运堤上的工事，加固了险工险段。

3. 吴江塘路与古纤道

纤道是古代以人力背纤为行船提供动力的通道，是运河船运的重要辅助设施。吴江古纤道旧称“九里石塘”，是吴江塘路的一部分，位于吴江市松陵镇南郊京杭大运河西岸，长约 1 500 米。

唐元和五年（810 年）苏州刺史王仲舒“堤松江为路”，始筑运河纤道，名松江堤，并建宝带桥，沟通了苏州与吴江之间的陆道。北宋天圣元年（1023 年），在“市泾（今王江泾）以北，赤门（今苏州葑门）之南，筑土石堤九十里，起桥梁十有八，计工七十万”。这个工程一直到庆历二年（1042 年）完工，历时二十年。自此，太湖东沿形成一条南北贯通、水陆俱利的湖堤，史称“吴江塘路”。塘路的建成，解决了驿道和航船的风涛之险，为南来北往的舟船提供了纤道，所以后来又称为古纤道或古驿道。元至正六年至七年（1346—1347 年），复以巨石重筑，自三江桥逶迤向南九里，称“九里石塘”。修筑时所垒的巨石由石工凿成统一尺寸，长 1.8 ~ 2.2 米，宽 0.6 米，厚 0.4 ~ 0.5 米，路

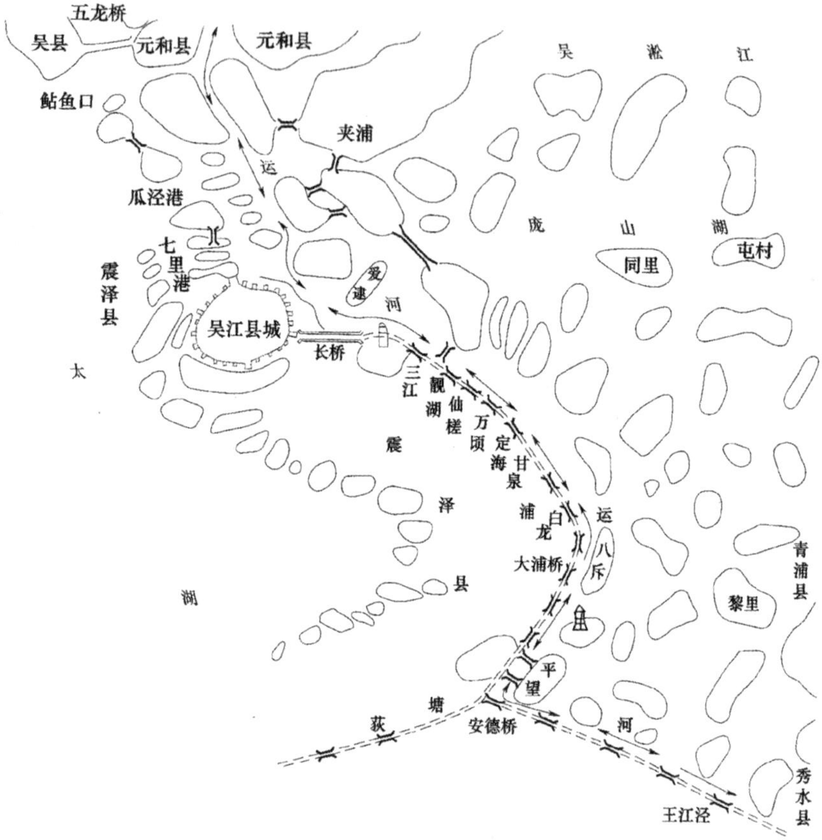

吴江塘路示意图[1]

基用直径 10 ～ 12 厘米的杉木梢打入土中。明清时期，吴江古纤道既是运河河岸又是纤道，还被充作驿道，是水陆并用的交通要道。吴江古纤道为江南古塘路中最重要的一段，其构筑的科学性、实用性、美观性，成了后来许多塘路效仿的典范。

20 世纪 30 年代苏（州）嘉（兴）公路筑成后，石塘路成了单纯的纤道。“文革”期间，纤道遭受严重破坏。1984 年，经修复，总计长 1 500 米，分为二段。北面的一段从三江桥南第四个港口原桥的南堍开始南至吴江市第三金属材料公

① 引自《中国大运河遗产构成及价值评估》

吴江塘路

司仓库后水泥北堍之北 31.6 米处，共长 600 米；南面的一段从北七星桥南堍开始至南七星桥之南 257 米处，共长 900 米。古纤道靠运河的一边为石驳岸，内为土堤，除去基础，纤道高 1.59 米，宽 3.1 米。以前，京杭大运河两岸的纤道在各地都有不少，但时过境迁，存有者十分稀少，像吴江运河古纤道这样基本保持原有风貌、长度达三华里者，更是弥足珍贵。

吴江塘路遗产现状

项目	位置	始建年代	现状情况	水利功能
吴江运河古纤道	吴江县松陵镇南大运河西岸	唐元和十五年（820年）始建，宋、元都曾大规模修治	保存较差，部分已经完成修缮	分割太湖与运河，使运河成为真正意义上独立的工程体系，同时也使这一带有了陆路交通
宝带桥	苏州大运河与澹台湖交汇处	唐元和年间始建，南宋绍定五年（1232年）重建，元代改建长石拱桥，明正德十一年（1516年）重建至今	保存较好	吴江塘路的配套工程，使太湖洪水泄入吴淞江通道
垂虹桥遗迹	苏州大运河与吴淞江交接处	宋庆历八年（1048年）始建	基本完好	为扩大太湖泄水通道而建

常州南市河纤道

4. 常州南市河纤道

为了让纤夫便于行走，旧时沿大运河常州段的岸边分段修筑了好几条纤夫背纤走的纤道。随着水上运输机动化和公路的不断发展，纤道逐渐失去了作用，大都废除了。在常州城区，只有南市河中新桥西侧北岸，还留存有一条纤道的部分石条路面。

南市河，是由吴王夫差在周敬王二十五年（公元前 495 年）开凿的，至今已有 2500 年的历史。当时这条水道，由文亨桥入西水关，经东西下塘，穿城后出东水关蜿蜒向东，算得上是一条水上交通要道。南市河上的船只，除了官船和大户人家的专用船，更多的是木制的运输帆船和小渔船。大多数行驶的船只，顺风顺水时就扬帆靠风力，逆风逆水时就靠人力拉纤；但官船和大户人家的专用船为显派头，无论是顺风顺水还是逆风逆水，都是要纤夫拉纤的，就像是坐轿那样，要前呼后拥着。背纤，就是将纤绳系在帆蓬桅杆的顶端，纤夫上岸拿着纤绳另一端（有纤板）斜背在肩上，拉船行进。纤道上时有纤夫二人一对，三人一簇地在背纤。船大货重的，纤绳也长，在岸上背纤的至少三人或更多。据说，原本南市河两岸都有一条纤道。北岸的纤道是让向西行船的纤夫背纤用的，南岸的纤道是方便向东行船的纤夫背纤的。

南市河两岸最早时泥路较多，两面草木榛榛，中间被无数纤夫踏出一条白路，成为纤道。后来，青果巷和青果巷对岸的东、西下塘住进了不少大户人家，他们商量在两岸修筑起了石驳岸，并在石驳岸下建了纤道。后因多年未修葺，石驳岸多处坍塌，断堰残堤，使得纤道断断续续。尽管有些路段又成了泥路，但上面铺着长方形的垫脚石，正好一步一块，依此铺设，也让纤夫在雨天免受泥路的泥泞之苦。

常州南市河纤道

5. 高邮平津堰

最早的平津堰是唐元和年间李吉甫为阻遏湖水、灌溉农田而修建的大型水利设施，其具体位置已经不能确定。今天看到的平津堰遗址，其实是明代为了实现河湖分离所开凿的康济河的西堤。

平津堰位于扬州高邮市高邮镇大运河明清故道的老西堤，原南起江都邵伯，北至宝应县，现仅存高邮城至界首镇段，长约 30 公里，其中高邮城区运河西堤镇国寺塔段仍保留一段明代砌筑的较为完好的石堰，也是目前淮扬运河段所发现仅存的一座古堰。

最早的平津堰，并非是运河堤防，而是河中的拦水坝。当年扬州蜀冈一带的地势比淮河高，造成了邗沟水位高于淮河，邗沟水流向淮河。为了保证大船的通行，唐元和五年（810 年）采取凿深蜀冈附近运河的办法，结果造成了“河益庳，水下走淮”的不良局面。据《旧唐书 · 卷一四八 · 李吉甫传》记载，为了防止河水下泄，当时的淮南节度使、水利专家李吉甫率民夫拦河筑堰（称为平津堰），又修筑富人、固本二塘，不仅保证了山阳渎（即古邗沟）水力的充足，又增灌溉万顷之田。可见，最早的平津堰是唐元和年间李吉甫为阻遏湖水，灌溉农田的大型水利设施，其具体位置已经不能确定。

今天看到的平津堰遗址，其实是明代为了实现河湖分离所开凿的康济河的西堤。南宋绍熙五年（1194 年），淮东提举陈损之自扬州江都至楚州淮阴筑堤三百六十里，于是扬州运道有了湖堤。明代初年，淮扬之间漕运运道一直在管家、射阳、白马、范光、石臼、新开、甓社、武安、邵伯（这些湖泊除了白马湖、邵伯湖外，其余要么湮没为陆地，要么并入高邮湖等大型湖泊，难觅踪迹了）诸湖中，所以称为湖漕。船只行走在诸湖之中极不安全。至明成化年间（1465—1487 年）时，提出了筑重堤的想法，所谓重堤就是在原有湖堤之东再筑一道堤，形成两道堤，成为河道，实施河湖分开，船在河中走，避开风浪。明弘治三年（1490 年），当时任高邮知州的毛寔到任后，他以除湖险为首要，与户部侍郎白昂联

高邮平津堰

合，在湖堤之东三里，筑成“自城北三里杭家咀至张家沟，长竟湖，广 10 丈，深 1 丈有奇，两岸拥土为堤”的河道，实现了河、湖分开。因河、湖分开，人获康济，明孝宗皇帝赐名为康济河。康济河开成后，自高邮段运河出现了三道堤：西为老堤；中为土堤；中堤之东，谓之东堤。漕船行走在中堤与东堤之间。万历三年（1575 年），黄、淮并涨，康济河堤被冲决。万历四年（1576 年），漕运侍郎吴桂芳命郎中陈诏、高邮州守吴显等，在老堤之东重开月河（即越河，时又称复河），将康济河西徙，改筑白昂所筑中堤为东堤，形成了新的康济河。这一段运河一直延续至中华人民共和国成立以后，即今高邮市界首镇南四里铺至高邮城一段运河西侧的老运河，现存的平津堰就是这条康济河的堤防。

2012 年 12 月，考古人员配合大运河扬州段申遗工作，在高邮里运河沿岸进行了考古挖掘，在镇国寺西侧高邮湖畔，发现了平津堰的 11 层石堤。

1954 年车逻坝月堤合龙时的情景

6. 车逻坝

车逻坝是里运河上为排淮水经里下河入海的“归海五坝”之一，用于引导淮水东流入海，防止淮水泛滥成灾。其实名为归海，实为归田。

明代中叶，淮河水受黄河水的顶托，一直宣泄不畅，黄河、淮河交汇处的大大小小的湖泊逐渐连成一片，形成了洪泽湖、高邮湖、宝应诸湖等几个大湖。这几个大湖的水位迅速上升，经常冲决运堤，泛滥里下河地区。

明代洪熙年间，平江伯陈瑄着手治理淮扬运河，他提出了“七尺以下蓄以济漕，水涨则减入诸湖，会于射阳湖以入海”的工程方案，重新修建了淮扬运河上的减水坝闸。清康熙十八年（1679 年），靳辅出任河道总督，他充分利用高邮城南的几条大河作为泄水通道，提出了在高邮城南的里运河东堤上修建五座减水坝的工程方案，排泄淮水东流入海，这就是后世所称的“归海五坝”。

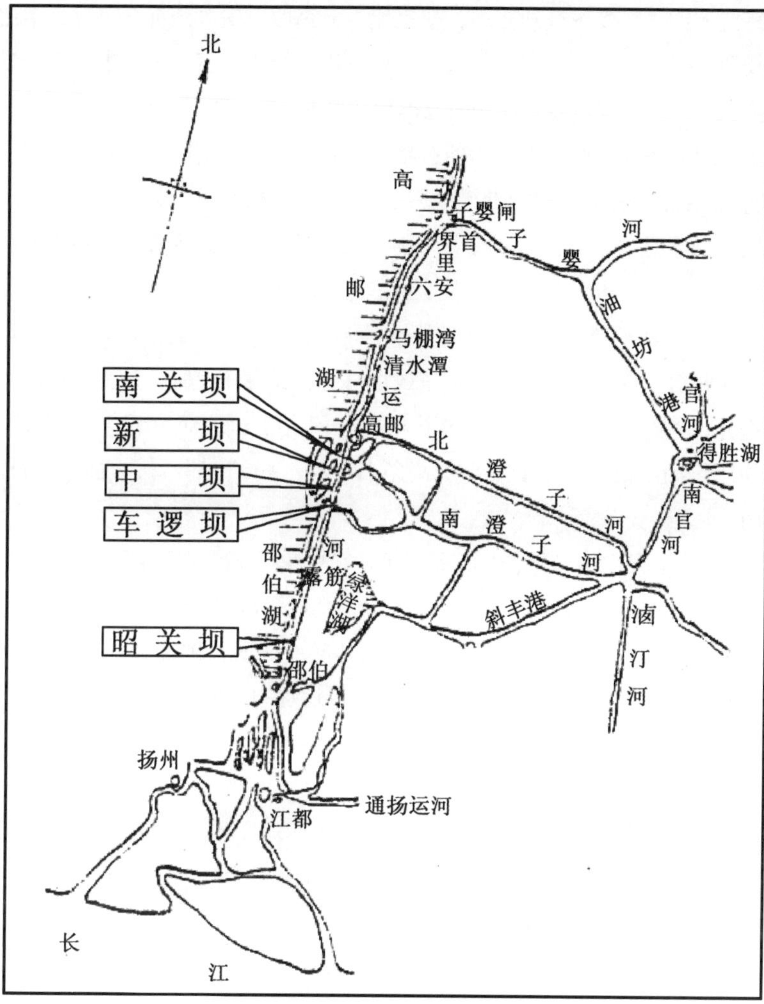

归海五坝位置图（清）

“归海五坝”从高邮城向南依次为南关坝、新坝、中坝、车逻坝和昭关坝。“归海五坝”建成后，当水位高涨，运河大堤危在旦夕时，开坝泄水，将肆虐的洪水导入里下河地区，使之入海，起到保全局、护整体的作用。归海坝最后一次使用是在民国二十七年（1938 年），总的使用时间长达 237 年，计开 188 次。然而，由于里下河地区是低洼地，每一次开坝放水都使里下河地区成为一片泽国，有诗云："一夜飞符开五坝，朝来屋上已牵船。田舍漂沉已可哀，中流往往见残骸。"可见归海坝明为归海，实为归田，给里下河人民带来深重灾难。20 世纪 50 年代，"归海五坝"便已拆除或废弃。

车逻坝为滚水石坝，坝身为条石浆砌，两侧裹头采用巨大的条石砌筑，条石之间用铁锭连接，石灰糯米汁灌缝；滚水坝顶用石板铺面，形成流线型溢流面，滚水坝下全部用 7~8 米长的木桩做基础，工程量大，坚固耐久。为蓄水，后来于坝上又加脊土，水大时自溃过水。原车逻坝南北长 208 米，坝底高出御码头志桩 5.27 米。实放流量 963 立方米每秒，水下菱丝沟、运盐河入兴化南官河，由车路河归海。位于车逻坝北端的车逻坝耳闸，又称车逻闸，是车逻坝的重要组成部分，条石结构，建于清乾隆五年（1740 年）。1956 年汛期，因该闸高度不能防御高水位，在上游闸顶加高条石 3 层。1966 年 5 月，改建为齿杆式钢闸门。

1954 年特大洪水，水情同 1921 年，在中央"确保里下河地区"的方针指引下，为了使新坝、五里坝、车逻坝安全度汛，高邮动员干部、民工 3.3 万人，日夜抢筑三座归海坝月堤。经 24 昼夜辛勤换班劳动，挑土 29.8 万立方米，胜利完成赶筑月堤的任务，从此结束了淮扬运堤每遇河发大水就开归海坝的历史。

（二）洪泽湖大堤

洪泽湖大堤旧名高家堰，是 17 世纪前世界上规模最大的砌石拦河坝。

洪泽湖大堤的施工技术则是当时石堤技术的典型：大堤上建泄洪用的滚水坝，堤上筑子堰，湖内抛土石为坦坡，使其成为中国水利史上以坦坡消浪、子堤挡浪、正堤挡水的工程典范。洪泽湖大堤北起淮安市淮阴区码头镇，南迄盱眙县马庄乡张大庄，全长 67.25 公里。

洪泽湖大堤实景

1. 洪泽湖堤防

洪泽湖大堤中的高家堰北段始建于汉献帝建安五年（200 年），初名捍淮堰。唐代增修“唐堰”于“汉堰”之南，后历代屯垦都有修筑。明永乐年间，又增做土堤并将土堤筑到现蒋坝镇，以后又分段砌筑砖工护面和笆工（笆工也叫板工，是当时河工上很普遍的排桩防浪工，其结构是“密布栅桩，中实板片”）。

明隆庆四年（1570 年），高家堰大溃。第二年，漕运总督王宗沐命淮安知府陈文烛采用以工代赈的方式修筑。这次工程北起武家墩，南至石家庄，长 5 400 丈（约合 17.28 公里），高不下 1 丈，顶宽 5 丈，底宽 15 丈。

明万历三年至六年（1575—1578 年），黄河在崔镇决口，水入淮河，致使高家堰决口，运道梗阻。万历六年（1578 年），潘季驯出任以右都御史兼

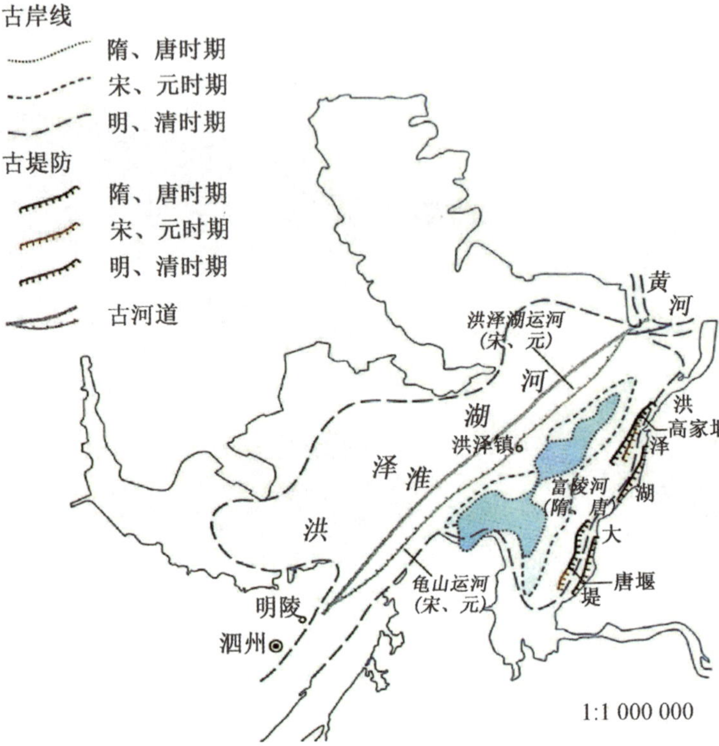

洪泽湖的形成

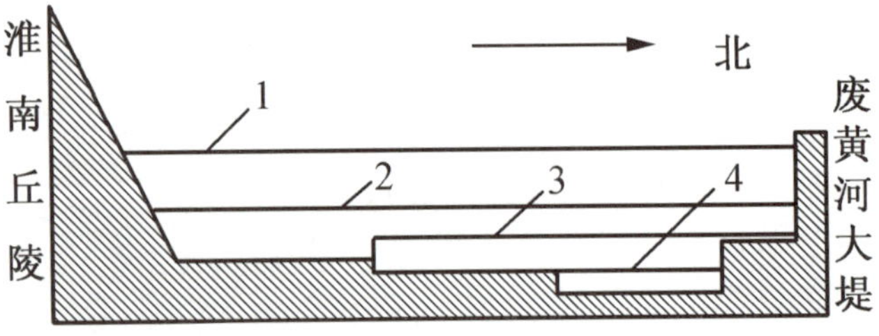

1. 今洪泽湖水库大坝　2. 清代的洪泽湖大堤　3. 明代后期的高家堰　4. 明嘉靖中的高家堰

高家堰历史纵断面示意图

洪泽湖大堤洪泽高良涧段

工部左侍郎总理河漕，首创并执行“蓄清刷黄”“束水攻沙”的治理方略，堵塞高家堰决口，大筑高家堰，抬高洪泽湖水位，逼淮河出清口，以期“全淮毕趋清口，会大河入海”；并从万历八年（1580年）起，不惜“日耗斗金”，用巨资在洪泽湖大堤迎水面加筑石工墙，抵御风浪。这期工程，北起武家墩，南至高良涧以南越城，总长10 878丈（合34.81公里）。同年修筑石工堤，砌石地点起自武家墩南1 013丈处，南端在高良涧北3 842丈处。在施工过程中，泗州乡官常三省上告反对，潘季驯力争，才又决定继续修筑，并终得完成。

明末清初，政治动乱，水利失修，高家堰决口严重。清康熙十六年（1677年），靳辅出任河道总督后，继续奉行“蓄清刷黄”之策，对高家堰进行全面整修、加固，在潘季驯的基础上继续接筑石工，并修筑多座减水坝和泄水涵洞。到乾隆十六年（1751年），北起码头镇石工头，南至蒋坝镇，长16 000余丈（约合60.1公里），全部建成石工堤。该墙是用长0.8至1.2米，宽、厚各0.4米的条石砌成，筑工精细。其中，垒砌石工墙所用的条石是从山东和盱眙等地运来的玄武岩。该段石工墙今天仍是淮河防洪工程的重要组成部分，保存基本完好。

“蓄清刷黄”策略铸成高家堰这一古代水利奇观，同时也造成著名的“悬湖”。由于“黄强淮弱”，每遇黄、淮并涨，往往淮不敌黄，黄河倒灌入洪泽湖，湖底淤垫日高，洪泽湖大堤也因之越筑越高，洪泽湖遂成为“悬湖”。“倒了高家堰，淮扬二府不见面”，洪泽湖对里运河堤和整个里下河地区构成了严重的威胁。即使侥幸保住了高家堰，猛涨的湖水又淹没了洪泽湖西甚至盱眙以上淮河沿岸的大片农田，以及滨淮城镇和著名的泗州城等，都是在黄河夺淮后逐渐沉没的。咸丰元年（1851 年），洪泽湖水位猛涨，洪水冲开洪泽湖大堤的礼河坝（今三河口），由三河下泄经高宝湖南下入江，从此淮水以入江为主。

洪泽湖大堤逶迤 70.4 公里，高 8~9 米，底宽 50~150 米，顶宽 10~30 米，迎水一侧全部用石料人工砌成，气势磅礴，被誉为“水上长城”。可再现的石工墙基本完好率在 74%，其中从洪泽十堡至高良涧水电站 15.63 公里地段，有比较完整石工墙 10.57 公里，完好率达 70%，而现在尚可直接看到的石工墙基本完好率为 26.6%，其中的周桥越堤、乾隆信坝和蒋坝石工尾最为典型。大堤有 108 道弯，以及仁、义、礼、智、信 5 道减水坝，每一道弯都呈半弧状环抱一泓湖水，每一道坝都见证着千百年来湖水分洪的壮观场面。

大堤沿线有众多名胜古迹，如高良涧青龙庵、三国时大将邓艾饮马池遗址、九龙湾、周桥大塘、乾隆御碑、滚水坝、黄罡寺等。

周桥大塘

2. 周桥月堤

周桥月堤是一个半月形的石工墙，是古代人民治理洪泽湖大堤决口的历史见证和当时最高石工水准的体现。

周桥大塘位于淮安洪泽县东双沟镇向北1公里，洪泽湖大堤之上，历代增修痕迹明显，但以清代工程最为细致紧密。

洪泽湖周桥大塘因周桥地名而得名。该处原来既无堤也无塘，而是古淤平地。明嘉靖三十一年（1552年）以后，周桥成为洪泽湖泄水口门之一，筑有滚水坝。清道光四年（1824年）十一月周桥坝被暴雨冻凌壅塞，决堤后冲成深塘，塘底冲深至废黄河口海平面下16.16米，即地面向下约24米深。据记载，该年十一月十一日午后，西风骤起，猛烈异常，泼房拔树，骇浪如山，浪高两三丈，越泼堤顶，加以凛冽严寒，浪之所经，旋即冻结，百里长堤，形若琉璃。是年洪泽湖最高水位 14.91 米，在周桥的息浪庵被水淹过八九丈。

周桥溃堤后，由于决口太大，大塘深不可测，到第二年仍然无法堵塞。朝廷遂令守忧在家的江苏巡抚林则徐前往现场指挥。林则徐虽重孝在身，但是他仍义无反顾，前往高家堰，与当地官民风餐露宿，经过几个月的奋战，终于完成使命。道光六年（1826 年）补建石工墙，外首筑做土坡，包砌碎石。道光十年（1830 年），朝廷拨付巨款，在息浪庵的大堤后修筑裹越内堤（指在大堤内侧修筑的越堤），将深塘围于内，计长二百二十余丈，顶宽十丈，与大堤相平。外堤又修建了石工，用条石建成了护墙，以防再次决口，经六年之久形成二道圈堤，这就是有名的周桥大塘。由于它形状如月，深如龙潭，所以人称月潭。目前，这段 730 米长的半月形石工墙依然巍然矗立，从底到顶，码着 13 层巨型条石，有 10 来米高，是古代人民治理洪泽湖大堤决口的历史见证和当时最高石工水准的体现。由于外临大湖，内贴深塘，三面犯风，历来为洪泽湖大堤防守的重点。

1951 年毛主席发出“一定要把淮河修好”的号召后，苏北人民采取补吊洞、匀缝口、设船坞、拆砌旧石墙等措施，对周桥大塘圈堤进行了加固。并于 1977 年和 1978 年花了两个冬春的时间，填土 33 万立方米，将 24 米深塘填平，彻底消灭了险工隐患。

信坝遗址

3. 信坝遗址

洪泽湖大堤信坝位于江苏省淮安市洪泽县城南 20 公里处，是洪泽湖上重要的减水坝，反映了洪泽湖大堤的巨大规模与中国古代高超的水利工程施工技术。

减水坝亦即“分洪坝”，在河道一侧建造的溢流设施。洪水期间，当水位涨到一定高度，河水流量超过下游安全泄量时，可起缓冲水势及降一部分洪水溢流他处，以减轻洪水对下游堤岸河槽威胁的作用。减水坝是附属于堤的分泄洪水建筑物，又常视为堤工不可缺少的一部分。

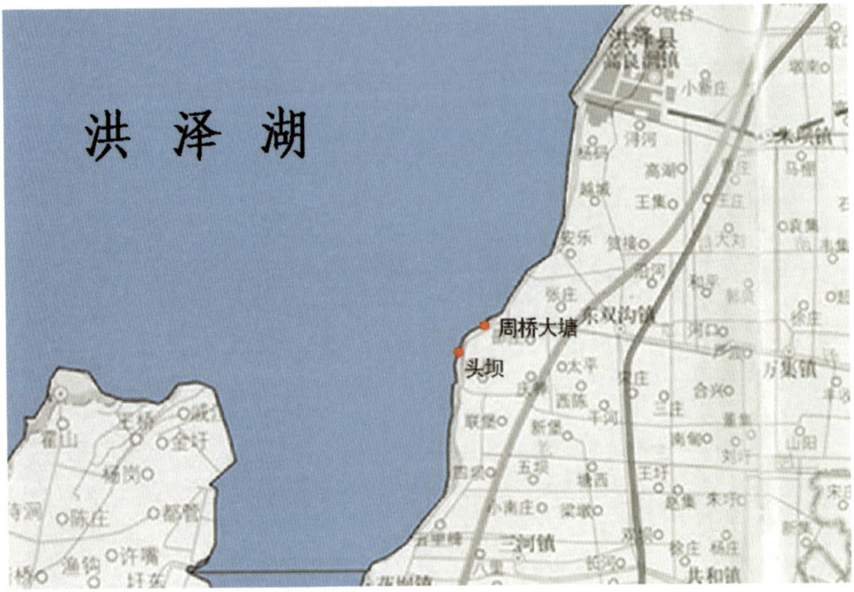

头坝位置

为伏汛泄洪，洪泽湖大堤上自明嘉靖元年（1522年）至清康熙二十一年（1682年）有记载的各种减水坝有26座。清乾隆十六年（1751年）又添建“智”“信”两坝与前期的“仁”“义”“礼”三坝合称“上五坝”，信坝就是现称的“头坝”。现南、北两坝头保存完好，中间坝口原为护坦铺砌，20世纪50年代铺石被拆，取走用于三河闸建设。现虽杂树草木丛生，但古坝的原貌基本保存。

该坝坝头由长65厘米、宽32厘米、厚40厘米的条石砌成。地面以上可见砌石共7层，底长12.5米，高4.4米，坝口宽近200米。头坝进水石坎长约192～210米，翼墙下口宽约233米、纵深38米，两坝头地面以上可见8层条石（地下9层），地面以上高约3.4米，反应了原始减水坝的造型。头坝段保留了较为完整的原有减水坝整体平面格局与规模，坝体基本保留原有的地势坡度，为研究古代水利堤工技术、工程设置和水利考古等提供了不可多得的实物资料，具有重要的历史、艺术和科学研究价值。

“地上悬河”——黄河故道

（三）黄河明清故道堤防

黄河明清故道，是指南宋建炎二年（1128 年）黄河夺淮后，经过历代治理，尤其是明清时期通过堤防夹峙的，从开封东坝头经豫、鲁、皖、苏四省，由盐城滨海入海的故黄河河道，因堤防体系主要形成于明清时期，因此被称为黄河明清故道。

黄河明清故道的堤防是黄河夺淮以后，随着黄土河床淤积增高，几百年来逐步筑堤束水修成的。一般认为河堤建于明永乐年间，《江苏水利全书》中说

黄河故道沿线所经市县分布图

及，明永乐八年（1410 年），“议修淮安废淮河堤岸，以固大河卫城池”。但黄河故道全面修筑堤防以防洪泛是从明代治河大臣潘季驯治黄才开始的。晚

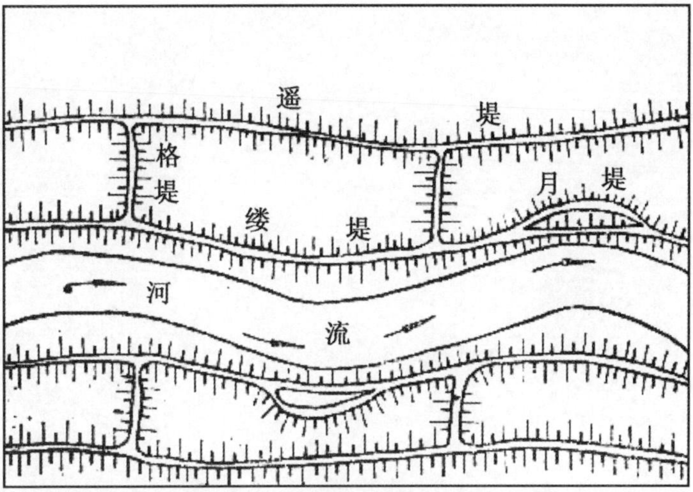

古黄河堤防示意图

明时期，万恭、潘季驯提出了以治沙为中心的治河思想，实行“以堤束水，以水攻沙”以及“蓄清刷黄”的治河方针。万历六年（1578年）潘季驯修筑徐淮间600里南北大堤，使河出清口、云梯关，塞高家堰，使黄淮合流，大河（指黄河）有了固定的河道，经今兰考、商丘、砀山、徐州、宿迁、涟水入黄海。江苏徐州至淮阴河段兼作运河，是“咽喉命脉所关，最为紧要”。潘季驯治河重点即在这一河段上，如大修两岸缕堤①、格堤②、月堤③、遥堤④，重修高家堰，抬高洪泽湖水位，蓄清刷黄等工程。

清朝康熙皇帝执政后，先后任命了以靳辅为代表的一批官员来治理黄河。康熙十六年（1677年）起，靳辅延续潘季驯“以堤束水，以水攻沙”的治河思想，继续修复及增修明代堤防，把治河的重点放在淮阴以下至河口段上，逐步修筑堤防至滨海十套。又在云梯关外修建了直至海口的束水堤防，改变了云梯关外“空之弗堤”的局面。清嘉庆十年至十一年（1805—1806年），钦差尚书马慧裕、

---

① 离河槽较近约束水流的堤，与遥堤相对而言称为缕堤，常较遥堤低矮。用以防御一般洪水。

② 亦称遥埝。在缕堤之外，离河槽较远，一般在一里，二三里处，较缕堤高大。用以防御汛期较大洪水。缕堤决溢时，遥堤为另一道保障，因堤距较远，所以容洪量大，流速减缓，易于防守。

③ 隔绝河流与之相邻湖泊及河流的堤防。

④ 又叫套堤或圈堰。大堤单薄或险工处，在堤背后圈筑，两端接于大堤形如半月的堤，称为月堤，亦称越堤、圈堤。用以加固大堤的防御能力，亦用防渗止水。有的将沿湖泊、洼地四周环筑之堤也称为圈堤。

黄河故道大堤夯土层

两江总督百龄先后将黄河下游堤防一直修筑到黄海海滨岸边的大淤尖（在盐城滨海县境内，现已经塌陷入海）。道光六年（1826 年），张井又接筑大淤尖以东缕堤，经太平港、丝网浜至青沙，至此黄河下游堤工全部结束。经过历代修筑，徐州至河口的黄河两岸形成了完整的堤防，“蜿蜒绵长，殆如长山夹峙”，黄河逐渐发展为地上悬河，主河道高高在上，自成流域。

1855 年黄河北决铜瓦厢，结束了下游近 700 年由淮入海的历史，回到渤海湾入海，留下了自兰考东坝头至江苏滨海废黄河口的黄河故道。其中，江苏省境内的黄河故道长约 515.3 多公里，占全长的 67%。

为防止黄河洪水的危害，明清时代建成了由多个堤坝组成的黄河堤防体系，起到收窄河槽，加大流速提高携沙能力，兼顾防洪防汛作用。公元 16 世纪中期，黄河堤防体系主要由缕堤、遥堤、格堤、月堤、护缕堤等各种类共同组成，以保证“束水攻沙、以河治河”的水利工程措施得以顺利实施。其中，距离黄河主河槽较近的临水大堤统称为缕堤，用以将黄河约束在主河槽内；遥堤建在远离河槽二、三里的河漫滩上，用以在汛期防止决口和容纳漫出缕堤的洪水；在遥堤跟缕堤之间，垂直于遥堤的被称为格堤，用有计划放水的格堤之间淤高滩

淮安三百六十丈月堤

地，用于防止洪水直冲遥堤。由缕堤、遥堤、格堤、越堤构成的防洪系统主要用于辅助性防护加固。

到了公元 16 世纪后期，鉴于对黄河携沙能力的进一步认知，则改加固遥堤为“放淤固堤”，即使黄河洪水所携黄沙沉积在缕堤与遥堤之间，最终靠泥沙淤积而形成黄河河槽。淮安市淮阴区凌桥境内大运河堤上有“淮安三百六十丈月堤”遗存，基本保存原有形制，月堤涵洞尚存。清康熙三十一年（1692 年）黄河泛滥，双金闸、中运堤决口 200 余丈，受淹数十村庄、万亩苗田，因此为防止黄河泛滥而建此堤。月堤涵洞是在河堤不牢处，建涵洞，引黄河水灌注。月堤下修建涵洞，让清水流向月堤之外，使堤内洼地可积淤而为平坦陆地，这是我国典型的“放淤固堤”法。

现今江苏境内的黄河故道大堤如仅按大河两侧的缕堤计算，总长亦有 1 000 公里左右，有些地段如徐州、宿迁、淮安、盐城滨海等地还保存得较好。河两岸堤间宽度在 500 米 ~11.5 公里之间不等。河堤高度一般高于堤外平原 3~8 米，高于堤内低滩也有 1~3 米。缕堤内古黄河河身一般是由河滩地和古河床组成，虽在黄河故道中地势最低，但仍高于堤外平地。整个大堤就像一条黄色的巨龙，蜿蜒曲折，绵亘千里，分外壮观。

（四）江苏海塘

海塘，是为了保护沿海城乡安全和生产而人工修建的挡潮堤坝工程，又称捍海堤、捍海堰等。

在正史记载中，江苏境内的捍海堰修筑开始于南北朝时期杜弼在海州（今连云港）所筑的捍海长堰。隋唐以后沿海兴筑海堤的记载较多，隋代的万金坝、唐代李承的常丰堰、宋代的范公堤及以后的桑子河堰、李家堡堤、皇岸、嵇公堤、包公堤、石港新堤、狄堤、沈公堤、姜公堤等等，见证了古代劳动人民为了生存和潮灾不断斗争的历史，部分堤防还有遗迹可寻。抗日战争期间，盐阜抗日根据地的阜宁县长宋乃德领导人民修建有“宋公堤”。苏南地区的太仓和常熟地处江海交汇之地，自宋代开始逐步修筑的海塘，至元、明时期全部完工，为太湖地区农业生产的发展提供了重要保障。

1. 范公堤

范公堤是宋代修筑的阻挡海潮侵袭的海堤，位于黄海之滨的盐城和南通市境内，因主要是范仲淹修筑，因此得名为“范公堤”。

淮河以南捍海工程，始自唐大历元年至十四年（766—779年）中，李承“为淮南西道黜陟使，奏于楚州置常丰堰以御海潮”。他组织民夫修筑捍海堰，北起阜宁沟墩，南抵海陵（今大丰县刘庄镇附近），长142里。该堤堤线定在东冈上，虽为土堤，但由于堤基比周围高，御潮能力较好，使屯田垦荒，农作物

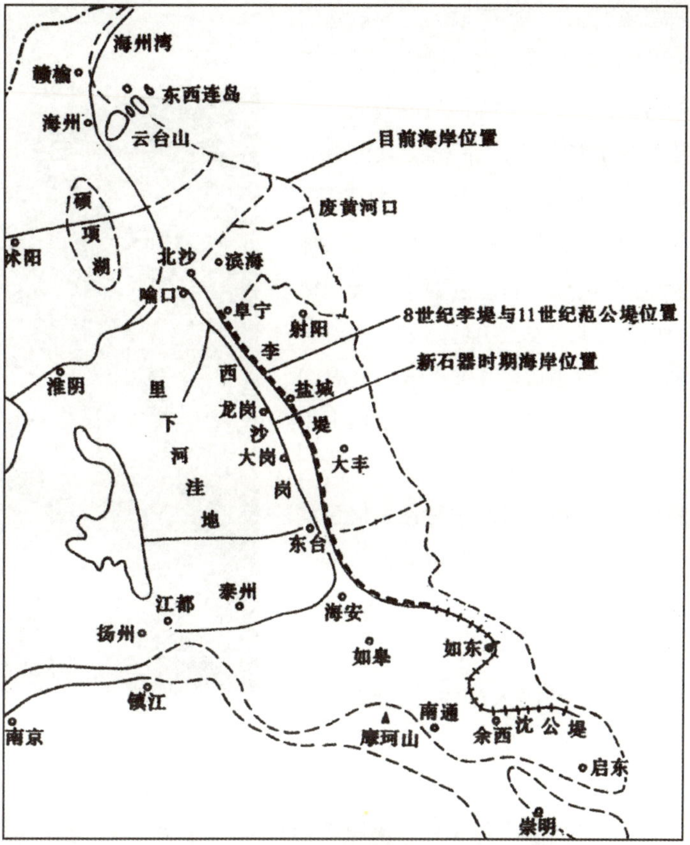

范公堤位置图

产量增加，因此取名常丰堰，为古代里下河地区的挡潮屏障。经后人不断修治，担负着“遮护民田，屏蔽盐灶”的使命，到晚唐和五代，这一捍海堰由于年久失修，逐渐崩颓。

北宋天圣元年（1023 年），范仲淹任西溪盐官，向当时任江淮发运使的张纶提出修复捍海堰，而有些人士起而反对。张纶奏请朝廷，任范仲淹为兴化令，主持修筑捍海堰，天圣二年（1024 年）冬开工，由于施工艰难，中途暂停。天圣五年（1027 年）重新开工，第二年竣工，长 143 里，人称“范公堤”。

范公堤遗址

范公堤历史悠久，影响很大，为淮南的重要捍海工程。后人不仅把李堤，甚至以后沿海一带捍海堤堰工程，统称为范公堤。淮南范公堤的增筑和延伸，都有文献记载。《光绪通州志》载：宋代“庆历中（1041—1048 年）通州知府狄遵礼修海堰”，人称狄堤。西北起自南通县石港经西亭、金沙镇向东到余西镇一线。《万历通州志·古迹》载：“宋至和中（1054—1056 年），海门知县沈兴宗（沈起）以海涨病民，筑堤七十里，西接范堤，以障卤潮。”王安石任海门知县时曾作《海门县沈兴宗水利记》盛赞沈起才能。据统计，范公堤兴筑以后，从宋庆历年间通州知府狄遵礼修狄堤起，经元、明、清几个朝代，至清光绪九年（1883 年）的约 840 年间，见于记载的大小修筑工程共 55 次，其中规模较大的有 9 次。其中，元至正年间（1341—1370 年），兴化尹詹士龙请发九郡人夫，兴工 16 个月，修筑捍海堰 300 余里。明永乐十年（1412 年）10 月，漕运总督“平江伯陈瑄督丁夫四十万，修筑扬州府海门县捍潮堤岸，计万八千余丈”。明万历四十三年（1615 年），“巡盐御史谢正蒙修筑范公堤，起自吕四场，迄于庙湾场，共八百里有奇”。这 3 次修筑海堰工程，工程规模很大，动员人员较多，使范公堤逐步向南北延伸、日臻巩固，最终形成了保障苏北地区捍潮御卤的古海堤，是苏北滨海地区古代的一项伟大的水利工程。

今存范公堤北起阜宁南至启东之吕四，全长 580 里。由于堤东新淤涨的土地已经被开垦为良田，自阜宁至东台南的范公堤堤身也被修建为公路，其他段落的范公堤不是改为公路，就被削平，大部分不复存在了。今天我们只能在草堰镇境内依稀看到一些零星的范公堤残段了。随着江苏沿海开发战略不断推进，近年来一座现代化的高大的防潮海堤出现在与范公堤相平行的内侧，正在发挥着巨大的经济和社会效益。

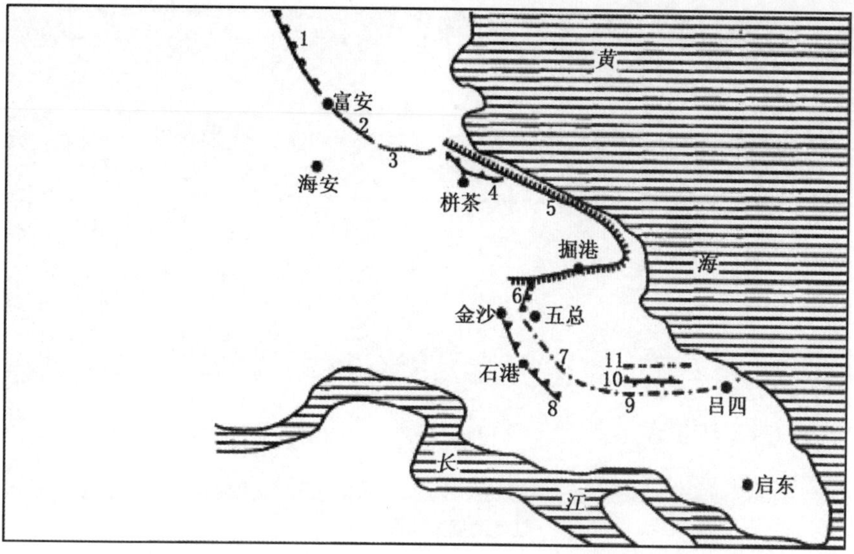

南通地区古海塘分布图（摘自凌申，《历史时期江苏古海塘的修筑及演变》）

1、范公堤（北宋）

2、桑子河堰［淳熙四年（1177 年）］

3、李家堡堤

4、嵇公堤［嵇曾筠准修，清雍正十二年（1734 年）］

5、皇岸［北宋乾道七年（1171 年）］

6、包公堤［包柽芳，明隆庆三年（1569 年）］

7、石港新堤（明）

8、狄堤［狄遵礼修，宋大庆历年间（1041—1048）］

9、沈公堤［沈起建，宋至和年间（1054—1055）］

10、老岸［明嘉靖二十九年（1550 年）］

11、姜公堤［姜天麟建，明万历年间（1573—1619 年）］

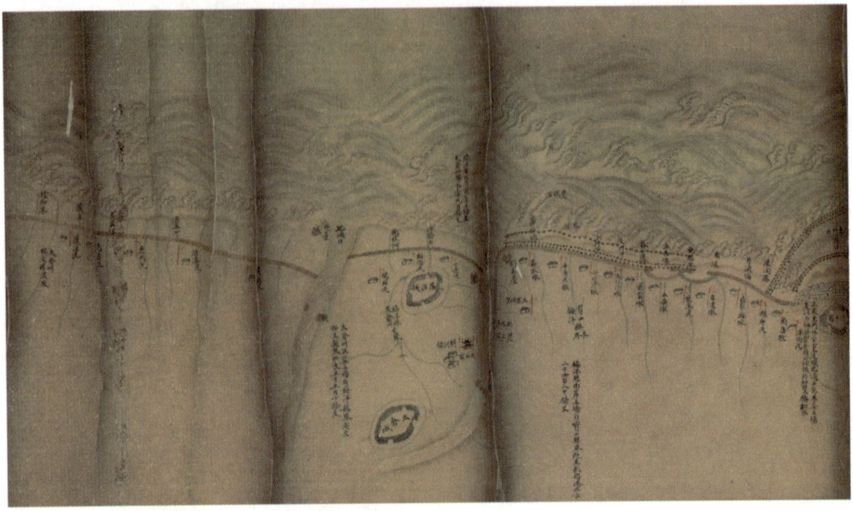

江南海塘太仓段（清）

2. 苏南海塘

苏南海塘位于苏州太仓、常熟两市，属历史上所称江南海塘的一部分。这一带濒临大江尾闾，为江海交汇之处，江不为患，患自海潮，因此这段堤防不名江堤，而沿称海塘，以重捍卫海潮。《江苏水利全书》称“海塘即江堤也”。苏南海塘以常熟福山港为界，福山港以上为江堤，以下至太仓与上海交界处闵家河为海塘，长 68.5 公里。

据历史文献载，浙西海塘创建最早。唐开元时自杭州盐官起到吴淞口的海塘联成一线。宋代起，海塘由南向西北逐段推进，形成苏南海塘。据《重修常昭合志》载，南宋乾道六年（1170 年），在浒浦建水军寨，将宁波定海军移驻在浒浦镇，开展了“筑堤捍海”的工作，这是苏南海塘最早的记载，距今已有 800 多年。据《江苏水利全书》称，太仓海塘在明代全线贯通，首先是明洪武年间，修筑了刘家河（今浏河）至嘉定县段。明嘉靖二十二年（1543 年），

太仓市修筑海塘纪念碑

太仓知州冯汝弼修筑海塘长 60 余里，完成太仓境内海塘的全线修筑。常熟海塘是清乾隆十九年（1754 年）由当时的御史陈作梅奏请而建，东接太仓州界铛脚塘（今称锵脚塘），西至耿泾港止，长 30 公里。由于海塘对保护沿海经济发展有不可替代的作用，所以历朝历代均不惜人力物力而为之。据文献统计，从唐先天二年（713 年）至清乾隆四十五年（1780 年）之间，用工万人以上、筑塘千丈以上的大型工程有 35 次，小工程不胜枚举。而国外同时期同类工程的记载尚不多见。民国十四年（1925 年），太仓道堂庙塘工等大部分工程修建时开始使用钢筋混凝土。1931 年 8 月，遭遇异常风潮后，太仓、常熟塘工相继出险，土石崩溃，桩木冲折，损失惨重，于是又开始兴办海塘堤防。1946 年，常熟和太仓再一次大规模修建海塘，常熟工段修建了两桩夹石工程，太仓为一桩两石和两桩三石。

解放后，太仓海塘遇到大险四次，即 1949 年 7 月 24 日、1974 年 8 月 20 日、1991 年 7 月和 1997 年 8 月 18 日，其中 1949 年一次暴雨倾泻、潮水猛涨，全线决口 5 899 米，被淹没农田 13.5 万亩。1997 年，一次台风、暴雨、高潮位“三兄弟”碰头，海浪越过海塘，堤顶几近冲毁，出险程度惊心动魄。1997 年后，苏州开展海塘整治，建成可以抵抗百年一遇洪水的新海塘工程。

通海垦牧公司挡潮墙

3. 通海垦牧公司挡潮墙

挡潮墙为张謇创办的通海垦牧公司的重要护堤设施，位于南通启东市原通海垦牧公司第一堤外，是为阻挡海潮冲击堤岸而修建的。

挡潮墙最初是木板墙，屡建屡毁，1930 年前后改用钢筋混凝土建筑，由南通祥兴建筑公司承建，于育之设计。挡潮墙墙高 3.3 米，厚 0.7 米，墙体两侧每隔数米有斜坡支撑，全长 1 585 米。该墙除部分因海浪冲击墙体倒塌外，仍保留原有宏大气势，被称为“海上长城”。2002 年被南通市人民政府公布为南通市级文物保护单位。

（五）圩

圩田是在沿江、滨湖的淤滩和低洼地区修筑堤岸，以外挡洪水，内保护农田，又于圩内外开挖灌排沟渠、设置闸涵而形成的水利田。

北宋范仲淹将古圩修筑技术进行了总结，江南古圩所筑堤如“大城”，圩中开有河渠，圩外临河处建有闸，这样能有效地防御堤外洪水入侵，干旱时又能引水灌溉。南宋杨万里提到圩堤作用是“内以围田，外以围水”，沿堤修筑有斗门，斗门与港河相通，可以灌溉而没有水患。他提到圩的主要设施为圩堤、斗门和港河。旧时斗门就是小型涵闸，多为方形，也有圆形，用条石、块石、石灰糯米胶汁灌浆构筑而成，闸门采用木板迭梁或石板，采用人力启闭。

1. 相国圩

相国圩的外部圩堤固若金汤，自清末至今历经八次大水，依然坚固未溃决，故有“铁相国”“天下第一圩”之称。

相国圩位于水阳江流域下游南京高淳区西南，西濒水阳江，与安徽宣城县金宝圩隔江相望，北邻永丰圩，东毗秦家圩，南接保胜圩，西南以水碧桥与宣城县奉国圩相连，总面积38平方公里，其中耕地2.8万多亩，水面积1.1万多亩。圩堤周长24公里，圩内一般地面高程7米左右，堤顶15米，宽10米，外坡1∶2，内坡1∶3，设二级平台，平均堤身断面350平方米。目前，高淳的古相国圩

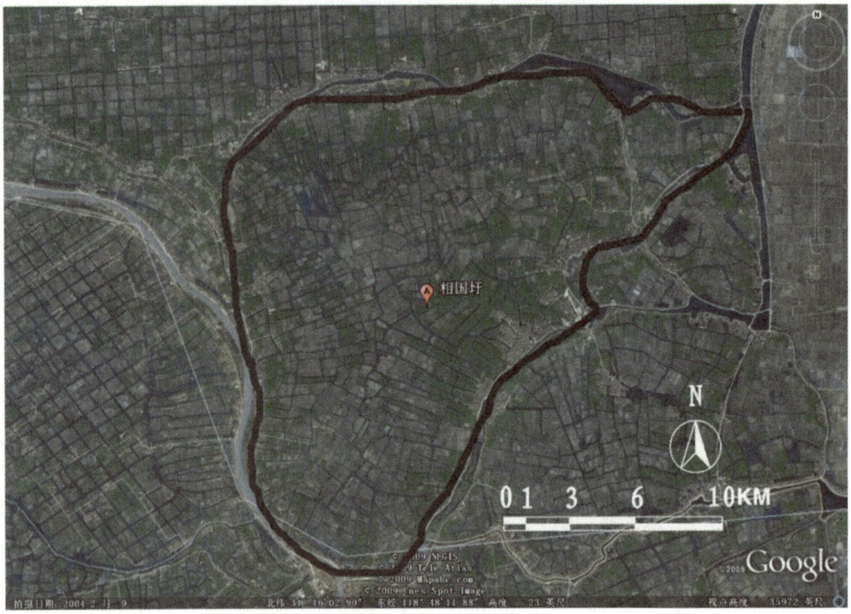

相国圩地理位置示意图

内还有 58 个自然村，人口达 2 万多人。

高淳境内原有古圩 181 座，后联并为 37 座，均为清代以前所建。最早对湖泊滩地的垦殖可追溯到春秋时期，当时吴国在固城湖边筑圩，后赐钟国相而得名“相国圩”，距今已有 2400 多年的历史，是长江下游历史悠久的圩子之一。相国圩真正兴筑在三国时期，为了鼓励人们屯田，周瑜还曾一度把家眷搬迁到相国圩内。

相国圩的外部圩堤固若金汤，经过逐年加固，千百年来圩堤遭受到无数次洪水的侵袭而安然无恙。最为难得的是自清末至今历经八次大水，依然坚固未溃决，故有“铁相国”“天下第一圩”之称。相国圩能从古至今一直安然，离不开圩内外诸多的水利设施。圩内地势西南高、东北低，夏秋暴雨，积水成涝。明朝时按地势从南向北依次筑上、中、下三坝，以调节水位，分级控制。圩堤四周原设置涵洞近二十座，历代不断修建、改建、淘汰和更新。其中著名的亮徒门，傍水阳江，连通外河和圩内的沟汊，是宣泄皖南山洪和控制圩内水位的

圩旁护堤的水笕（jiàn）

要害，也是相国圩水利工程之重心。它始建于明崇祯年间，涵底高程 5 米，净高 3.8 米，宽 2 米。该洞集灌、排、航、渔为一体，除汛期外，可随时启闭，以保证灌溉，又可于汛前抢排内涝，枯水期通航极为便利。涵洞位置合理，进水口不冲不淤，圩内控制可高低兼顾，结构型式美观、别致，是高淳圩区古代水利工程的代表作。

除了徒门外，相国圩水阳江段的水碧桥至亮徒门还有保护圩埂的护堤水笕。所谓水笕，是古代一种修筑在堤防迎水面的水利设施，用于分流挡水，使水流分散力量，减缓对圩堤的冲击。根据明梅膺祚所编《字汇》中的解释："以土石遮水亦曰笕。"相国圩的护堤水笕位于高淳西水碧桥至亮徒门闸水阳江岸，是当年为避免皖南山区洪水下泻直冲相国圩而修筑的。《高淳县志》载："高淳圩田半数蛟龙之宅矣……徽宣诸水之支流自小河而入以汇于固城湖者，若诸水之北下水阳大河则相国圩之淤泥坊实当其冲焉。淤泥坊抵徽宣大河之水为相国圩险要处，本圩业户于此处甃石为笕，挡以防冲决。"相国圩上水笕共有九处，上游第一处谓之"头水笕"，其下以此称二水笕、三水笕……九水笕。各水笕间距 150 至 200 多米不等，其中以头水笕规模最大，其余次之。水笕呈圆弧形，总高约10米，平面直径长16.5米，临江圆面用长0.82米、宽0.3米、厚0.16米的青石构筑，中间堆土夯实。在头坋西北约6公里处有一分水坋，它长48米，最宽处约20米，出水明高3.5米。外用青条石砌筑，内填土夯实。为防止来往船只碰撞，分别于左右两侧砌凸出的青条石，形似鱼嘴，将上游来水一分为二。这个分水坋形状似鳜鱼的嘴，本地人称之为鳜鱼嘴，虽然看起来不起眼，但是可以大大减轻汛期皖南来的洪水对圩埂的冲击，保护圩堤和其中的百姓。相国水坋是砖墙水利建设史上的一个创举，在那时能构筑这样庞大的防洪工程，殊为不易。

相国圩古圩堤的根基现在还在高淳砖墙镇内圩堤下，应该是古代堤坝的遗迹，虽经历代增修、包裹，但由于该圩堤从未残破，故内里仍为旧时所筑。

高淳圩局

圩局是高淳区堤防管理的一个机构。据史料记载，历来官方和民间对堤防管理甚为重视。在宋代，境内永丰圩由朝廷派官二人(秉义郎、机察官)经管圩务。明清时期，各大圩便由地方绅士担任圩董或圩长，经管圩务，检查督促“乡规民约”的实施、冬春圩堤修筑、汛期负责防汛排涝的派夫摊费和组织调度等。中华人民共和国成立后的1950年成立了圩务督导团，1954年更名为圩局，由圩围受益村的群众向当地镇政府推荐确定人选，组成圩局管理机构和队伍，其主要职能是负责圩堤工程建设、堤防管理、排涝、灌溉等日常事务，尤其是担当防汛抢险的重要任务，将防洪阵地延伸到一线圩堤。目前，全区存圩81座，其中24座三千亩以上大中型圩堤设有圩局。通过长期实践，各圩局在堤防管理制度建设上积累了丰富的经验，一方面形成了具有地方特色的堤防管理的优良传统，各圩都建立了“八不准”规定：圩堤上不准开垦种植，不准铲草皮，不准葬坟，不准挖土，不准切堤造屋，不准在堤身范围内种植树木，不准在堤脚处的沟汊挖泥做肥，不准耕畜汛期上堤放牧踩踏等；另一方面也形成了具有地方特色的防汛工作的有效做法，汛期采取送水牌的方式巡堤查险，保圩平安，真正做到了“水牌在手，责任在肩”。

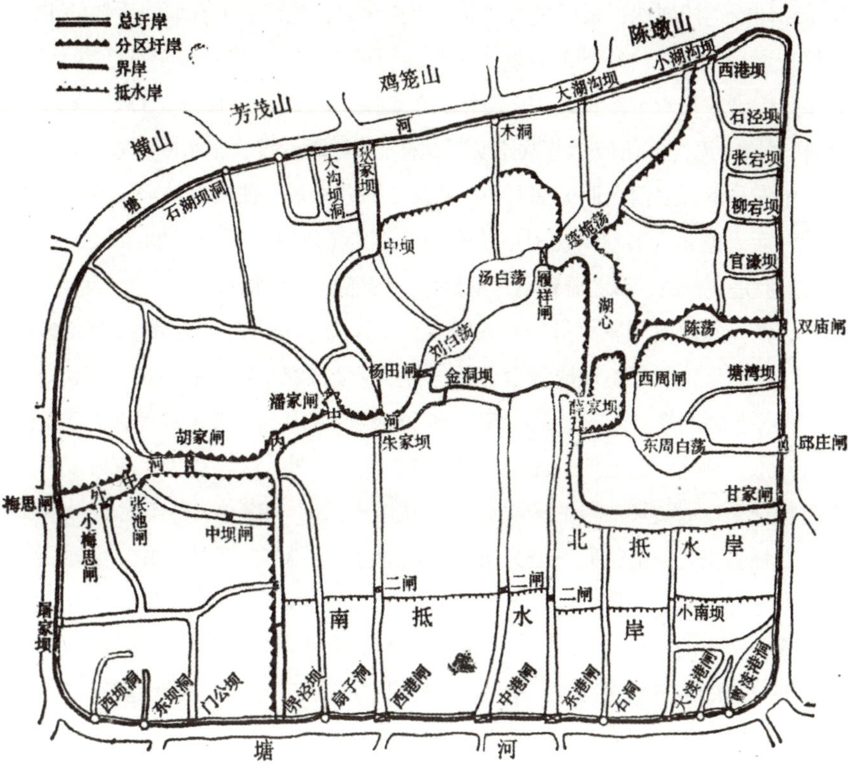

芙蓉圩示意图

2. 芙蓉圩

芙蓉圩，原为芙蓉湖一部分，在晋代，湖身长而广，湖中长满芙蓉（即荷花），湖中有山，形同芙蓉，因以得名。位于锡（无锡）、武（常州武进）、澄（无锡江阴）三地交界处。

芙蓉圩筑圩治水有着悠久历史。据《南徐记》载，晋陵内史张闿于东晋建武元年至二年（317—318 年）开始在芙蓉湖滨湖地区圩田。明永乐十一年（1413

年），江南巡抚周忱，采用单锷“立足三湖全局，先从鲁阳五堰入手”的主张，征民工大兴水利，修复胥溪五堰，又开江阴黄田诸港，将芙蓉湖筑圩数十个，其中最大者周长六十华里，包田数十万亩，遂名芙蓉圩，时有“十万八千芙蓉圩”之誉。据传，周忱还仿照姑苏八座城门式样，在圩周设置八座水闸。明万历年间，武进治农县丞郭之藩会同无锡县以工代赈，兴筑圩堤，使滨湖滩地，变为良田。为此，后人把郭之藩与周忱相提并论，有“文襄公创之于前，郭侯续之于后”之说。但是，周忱、郭之藩只重修固外围，忽视圩田治水。明万历三十年（1602年），常州知府欧阳东风进一步兴修水利，补周、郭两人之不足，在圩内多次勘察，发动圩民围埂筑坝成圩百余处，增强了低洼农田抗灾能力。

据《芙蓉湖修堤录》记载：清道光二十年（1840年）大水破围，全圩淹没，庐舍浸水，倾倒十之七八。圩民扶老携幼，避居圩外，哭声震天，数日夜不绝。乃是历史上圩堤破坏最惨的一次。于是，从道光二十一年（1841年）起连续三年，圩民在知县张之杲的带领下全力筑堤，顶宽九尺，脚阔二丈四尺。并立乡规民约，制定了圩堤三年一小修，五年一大修的章程。圩民将新修圩堤命名为“张公堤”，以感念张之杲的功绩。1950年，政府领导圩民全面兴修圩堤。1978年，武进、无锡两县芙蓉大圩管理委员会作出了“力争在三、五年内完成圩堤石驳”的决定。当年，完成石驳护堤150多丈，1981年、1982年，完成石驳护堤2 340丈，保障了圩堤安全，芙蓉圩成了“鱼米之乡”。

（六）其他

1. 南通江岸水楗

水楗，是沿江岸修筑的丁坝，用来减弱水势，保护江岸的安全。1908年张謇见江岸有坍塌的危险，出私资请专家修建水楗。

南通位于长江下游北岸，清光绪三十二年（1906年）以后长江下游主流顶冲南通江岸，导致从天生港至姚港十多公里的江岸发生大规模坍塌。光绪三十四年（1908年）正月，张謇鉴于南通江岸日削，出私资3 000元，聘请上海浚浦局派员来通勘查水势。同年聘请荷兰水利工程师奈格到南通，溯江上行至镇江，察勘南通至京口线水情。宣统元年（1909年）12月，瑞典河海工程师霍南尔偕同施美德赴通察勘沿江形势。随后奈格、海德生再次来通勘测，因秋风难以实测，往返四次，完成《通州沿江形势图》和《通州建筑沿江水楗保护坍田说明书》，提出采取治本、治标两种方法。因治本需经费数百万两，治标则在冲刷最剧烈处修筑水楗（即丁坝），用以分杀水势而保江岸，仅需经费50万两。最后因南通江岸坍削迫不及待，故先采用下策筑楗治标。民国二年（1913年）3月17日成立南通保坍会，公推张謇任会长，负责沿江保坍筑楗工程。民国五年（1916年）3月，南通保坍会聘请特来克为驻会工程师，负责整个筑楗工程。特来克来南通后，用两个月时间，先测长江涨落潮流向、流速，看水力的强弱，江岸坍塌的形势。到同年4月25日写出《南通保坍计划报告书》，提出："查天（生港）、姚（港）间之坍削，悉由暗潮之冲刷。此就坍削最烈之势，观其断面，即可了然也。堤岸下段极有力之落潮抽去，至潮涨又将堤岸上段冲激，倒卸泥土入水，仍成自然之斜度。欲保护使不坍削，非在低水位以下，作成一二百密达（米）长之保护物不可。"接着他绘制了"一面阻止水流之冲击力，一面为自身之基础，不为水流冲击所摇动"的保护物，即大小水楗图。

采用塘柴木垫沉石法自天生港至姚港筑楗12座。水楗设计仿荷兰和黄浦江办法。以塘柴、芦苇为排，沉石筑楗。楗头于低潮位以下6～8米，在近溜顶冲处，再增建护岸护坡。楗与楗相距约1 500米。当年6月14日，在特来克主持下筑楗工程正式动工。筑楗不到三年，筑成水楗十座，建成后收到了“分杀水势”的效果，稳定了南通江岸线。采用丁坝这种形式的护岸，至今在南通治江工程中还沿袭应用。今日，南通市滨江公园的江边仍存留着水楗，水楗仍在发挥阻遏江浪冲刷江岸的作用。

2. 句容新四军水坝

1938年，新四军进入茅山地区，部队为解决军民在山区用水的困难，利用战斗间歇在现在的天王镇李塔村陈庄、老人山等地修建水坝蓄水。

新四军水坝位于磨盘山区陈庄村西。1938年6、7月，陈毅、张鼎丞、粟裕率领新四军第一、二支队进入茅山地区。新四军六师曾在磨盘山设立疗养所、修械所等单位，部队为解决军民在山区用水的困难，利用战斗间歇在现在的天王镇李塔村陈庄、老人山等地修建水坝蓄水。现在还在使用的陈庄水坝就是那时候修建的，群众称其为“新四军坝”“抗日坝”。

3. 玄武湖十里长堤

玄武湖，位于南京市玄武区，六朝时期辟为皇家园林，为了防止玄武湖水漫皇城，许多朝代都为玄武湖修筑提防。

玄武湖，位于南京市玄武区，东枕紫金山，西靠明城墙，北邻南京站，六朝时期辟为皇家园林，明朝时为黄册库，均系皇家禁地，是中国最大的皇家园林湖泊、仅存的江南皇家园林，被誉为“金陵明珠”。宋人欧阳修曾写道“金陵莫美于后湖，钱塘莫美于西湖”，玄武湖为风景园林，亦为文化胜地，历代文人骚客，政要名流都曾在此留下身影，皆为后人传为美谈。

早在六朝时期，当时的人们就对玄武湖进行了开发利用。东晋大兴三年（320年），“是岁，创北湖，筑北堤，以雍北山之水，东自覆舟山西，西至宣武城，六里余”。北湖，即玄武湖，北堤，也就是修筑的湖堤，此句意思是在覆舟山北麓修筑堤岸以阻塞湖水。这是玄武湖历史上最早的一次大规模水利工程。工程在玄武湖南岸与西岸进行，主要任务是为了保护建康宫城不被湖水侵漫。南朝宋元嘉二十三年（446年）对玄武湖又进行了一次大规模的兴修。这次工程的总负责人是张永，其工程规模远比东晋初大得多，“更兴造楼观于覆舟山”“复筑北堤，南抵城东七里之白塘，以肆舟师”，主要是在东晋大兴年间的堤岸基础上进行更新改造，加大加宽。晚唐时，诗人韦庄《台城》一诗“江雨霏霏江草齐，六朝如梦鸟空啼。无情最是台城柳，依旧烟笼十里堤”，使玄武湖“十里堤”成为标志性名胜。蒋赞初先生在《南京史话》中认为：“这条长堤，东起覆舟山北麓，西抵幕府山下，长达十里多。”今天来看，这条堤岸应该大致沿着明城墙的方向从覆舟山以西至神策门乃至幕府山。自古至今，这条堤烟柳依依，傍城偎湖，景色秀丽，是金陵四十景“后湖烟柳”一景的主要依据。

四、水关闸涵

水关闸涵

所谓“水关”，特指旧时穿城壁以通城内外水的石闸，用于连通城内外河道，达到给、排水的功能。

江苏保存完好的有南京明城墙的东水关、武庙闸，苏州的盘门、太仓西城门水关，以及如皋东水关、高邮南水关等，这些水关建筑，体现了古人精湛的工程技术水平，是宝贵的城市水利遗产。

涵，是指通沟渠的地下管道。古代城墙工程中，经常会用涵洞、涵闸等设施，调节城市内外水系的水位。江苏省内除了南京明城墙保留了较多的明代涵闸、涵洞遗址外，扬州唐城水涵洞遗址和泰州宋代排水涵遗址均弥足珍贵。

水闸是用作排泄洪水、调节水位功能的水利设施。如果说利用堰埭控制水位差是创举，用闸替代堰则是划时代的进步，那么复闸的出现则是在闸的基础上更进一步，促进了漕运迅猛发展。目前水闸在江苏的主要河道及运河堤、范公堤等主要堤防沿线分布较多，至今保留完好的有清江大闸、双金闸、草堰石闸等，弥足珍贵。

东水关遗址公园

（一）城市水关

1. 南京东水关

东水关在通济门西侧，亦称东关头、上水门，是明初为控制秦淮河入城水量而建，是南京城墙中至今尚存的唯一一座水关。

明代在护城河与内秦淮河连接之处，筑有东、西两个水关。东水关的作用是保持内秦淮河水位的高度，超出于外秦淮河之上，西水关在水西门，是为防止长江水倒流进内秦淮河。东水关建筑由分水闸、桥道、藏兵洞三部分组成。

水闸有前后两道，在半圆形拦水坝中间按装木质水闸（闸已无存），由绞关起动。第一道在内秦淮河入水口，第二道在城墙之内。城墙从二道水闸之间特制的桥道上堆砌。桥道宽于城墙 7 米左右，城外留有约 2 米宽度的便道，城内则留有 4 米多宽的桥面为人行道；城墙之下（即桥道下面）留有 9 孔拱券式进水巷道，为防止敌人潜水进城，每孔分别按装有固定的铁栅，由此可见其规模之大，设计之巧。

为守闸的防御需要并减轻城墙对桥身的压力，在城墙中建有上、下 2 层各 11 个，共 22 个坐东向西的藏兵洞。可惜上层藏兵洞连同城墙已被拆毁，现仅存下层的 11 个藏兵洞。

朱元璋修建水关的用意有二：一是引水入城，供城中军民饮用与洗涤，二是为了防止水患。因为南京历史上是个多水患的城市，多次出现“操舟行市者累月”的景况。明代南京的水患依旧，江水多次侵入城内，明城墙也多次因水患而损坏，有一次，洪水竟淹到了皇家禁地明孝陵，并把那里严禁百姓采伐的万余株树木连根拔起冲走。因此东水关在明代曾经历过数次大修，并得以保存到今天。

2. 南京武庙闸

武庙闸其历史最早可以追溯到三国东吴时期，吴后主孙皓在此开城北渠，引玄武湖水进城，时称“北水关”。武庙闸位于南京市玄武区玄武湖解放门附近，在南京市珍珠河涵洞与玄武湖相通之处，是引玄武湖水进城以控制珍珠河水位的一座节制闸。

明朝时期，朱元璋修建南京明城墙并利用秦淮河和玄武湖等水系作为护城河，为了引玄武湖水进城，控制城内珍珠河河道的水位，修筑城墙时，在古潮沟入湖处一并设计、建造了大闸，当时的名称叫“通心水坝”。清同治时期，位

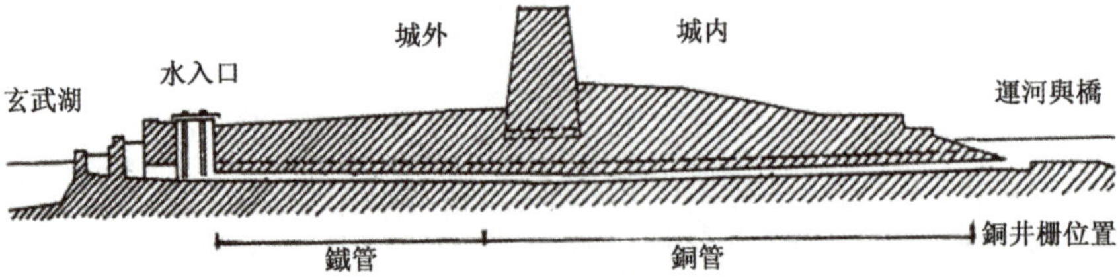

武庙闸图（《南京城墙志》）

武庙闸

于如今市政府大院内的府学旧址改作武庙，在武庙之后的此闸便叫做武庙闸了。

武庙闸原有两个入水口，为了减缓水流冲击，两边砖墙乃至整个水道都呈“之”字形弯曲，减低流速。该闸地下安装有方形双合铜水闸两套，呈公母状，下合有直径为 1.1 米的母穴，上合呈反凸字形与下合相合，即为关闸断流。此外，上合中有一直径为 0.09 米的绳孔铜钮，以铁索连接地面上的绞关启动。穿越城墙下方的涵管名“灵福洞”，总长度为 143.9 米，由铜管和铁管组成，其中铜管 103 米（每节长 0.85 米），铸铁管 37 米（每节长 0.82 米），管径均为 0.95 米，管内有绞刀，随水流波动可以切碎水草，以防堵塞，又可防敌潜水入城。这一精巧结构设计，能够有效地控制水流，调节水位，净化水质。

清同治十年（1871 年）3 月，江苏候补县丞管理后湖（即玄武湖）委员王焕镳对“通心水坝”进行了重修，称之为“创造通心沟水坝”并勒石纪事，此碑现镶嵌于武庙闸阶梯转弯处。1971 年 2 月，拆除武庙闸的两套铜水闸以及一百多节铜、铁涵管（现部分藏于南京市博物馆），改为水泥涵道，并对原进水口进行了修改。对涵洞所通过的城墙内部调查，发现隐藏于城墙内部的瓮室一座。该室呈拱顶，高约 4.5 米，南北走向，长 9.7 米，暴露出来的城砖侧面均无南京城墙砖常见的铭文，城砖尺寸较大，以青砖为多。由于年代久远，渗水透过城砖缝隙间的粘合剂向下滴，已成钟乳石状，最长的达十余厘米，初步认为是“武庙闸护管隧道”。1986 年 5 月，南京市重建武庙古闸景点，由方亭、观景轩、三曲长廊以及龟趺石碑组成，龟趺石碑上“武庙古闸”四个遒劲的大字，仿佛向世人昭示着南京古代科技的辉煌。

3. 苏州盘门

苏州盘门位于江南运河苏州城区的运河故道上，是连接大运河与苏州古城的一个重要节点，具备战时守城防御、汛期防洪泄洪、平时水陆通行的功能。

据古籍记载，苏州城最初是周敬王六年（前 514 年）吴王阖闾命伍子胥所筑的春秋吴国都城，盘门为吴都八门之一，古称蟠门。门上曾悬有木制蟠龙，以示镇慑越国，又因其“水陆相半，沿洄屈曲”而得今名。现存城门为元至正十一年（1351 年）修筑，瓮城为至正十六年（1356 年）张士诚增建。明初、清初和晚清都曾进行过修缮。现存的盘门与南宋《平江图》碑所绘，方位相符，总体布局和建筑结构基本保持元末明初旧观，水陆两门南北交错并列，总平面呈曲尺形，朝向东偏南 10 度，是苏州现今唯一保存较完整的古水陆城门。

盘门由两道陆门、瓮城与水门组成。水门由相距 4.6 米的内外两重城门组成，纵深 24.5 米。外门石拱券作分节并列式构筑，金刚墙高达 7.25 米，墙角各立方石柱，上架楣枋以承拱券。拱券矢高 2.75 米，开有闸槽。内外水门之间，南北砌泊岸，东南隅城墙内辟有洞穴通道，可循石级登城台。内门由三道纵联分节并列式石拱串连构成，三拱尺度不一，第三道拱最大，高 9.7 米，宽 9.3 米，深 6 米。内外两水门建筑结构不同，非同一时代遗存，外门显然早于内门。水门内设置 2 道水闸，起军事防御与调控水位的作用。门朝东南，水陆两门并列，包括两道陆门和两道水闸门。两道陆门间为略呈方形的瓮城。

苏州盘门

苏州盘门全景

苏州位于长江下游多雨地区，又与运河相连，每年汛期都对苏州城产生影响，通过水门的设置，可以较好地解决了城市的防洪、泄洪。盘门采用“面东背水”抹角做法，避开了水流方向，避免了水流的直接冲击。结构上采取水陆两门错位并列，砌筑水、陆两道城门，并把它们巧妙地组合成一个整体。盘门是现存典型的并具有地方特色的古代水陆城门，保存完好，目前作为遗址公园对外开放。

东门水门遗址东侧全景

4. 仪征东门水门遗址

仪征东门水门始建于南宋宝庆二年（1226 年），元、明、清三代在此基础上进行了修缮和加固，一直沿用至民国。其工艺考究，制作精良，使用时间较长，体现出不同时代的特征，是一处不可多得的水工建筑遗址。

仪征东门水门遗址现存水下石工建筑，其上半部砖砌券顶建筑已毁（今存翼墙）。水门的平面呈东西走向，主体部分由南北两厢的石墙、进出水口两侧的四摆手、门道及残存的夯土城墙等组成。水门全长 17.5 米，西面进水口宽 12 米，东面出水口宽 11.5 米。南北两侧岸墙长 13.4 米、宽 2.2 米、高 3.8 米。

东门水门遗址平面图

摆手长 3.16 米，与岸墙呈 45 度夹角。水门门洞宽 7.7 米，过道地面用青石板平铺而成，下为密集的木桩。水门上券顶及墙体与主城墙连为一体。

2008 年 3 月至 5 月，考古工作者对水门遗址东段进行了发掘，发现的东门水门遗址，位于南宋以来真州城的东城墙跨越河道的地方，水门跨河而建，用于城墙下船只通行及河道防御。遗址中的夯土城墙包含的瓷片为南宋时期，河道穿过城墙处有岸墙与滑槽、门道、摆手、泊岸等水工设施，而水门基础建筑结构与宋代《营造法式》“卷輂水窗”的做法基本一致。河道内有大量的黑色淤积，出土了较多的船用工具，门道内还发现了不少砌筑门洞券顶的青砖及防御用的擂石等。因此，考古情况与文献记载吻合，可以确认该遗址就是真州城东门水门遗址。

高邮南水关

5. 高邮南水关

南水关位于扬州高邮市高邮镇运堤路街道内（南门外运河东堤下）。康熙四十六年（1707 年），康熙帝第六次南巡路过高邮，视察河工，了解到百姓用水之难，于是兴建了南水关涵洞，“口门宽高各一尺八寸”，水下盐河。

乾隆五年（1740 年）时重修，水关依傍城池，保障了城市居民生活用水和近郊的农田灌溉。解放后城墙拆除，水关和市河仍发挥排灌和泄洪作用。现存水关南北长 8 米，东西宽 5.8 米，南接水关洞和运河相通，条石结构，保存较为完好。2009 年末到 2010 年 6 月间，南水关遗址经过抢救性考古发掘，揭示出修筑于后周和宋之间的早晚两期水关遗迹和吊桥基座。

太仓西城门水关

6. 太仓西城门水关

太仓西城门水关位于苏州太仓市城厢镇西区社区新华西路西门的致和塘上、西城河东侧 10 米，2013 年被公布为太仓市文物保护单位。

太仓城原有七座陆门三道水关，现仅存西城门水关。该水关始建于元至正十七年（1357 年），单孔拱形，长 11 米，宽 2.5 米。水关东侧有青石闸门槽柱，原为装吊门控制水路用。拱圈为花岗石，青石砌金刚墙。20 世纪 90 年代整修致和塘，在原水关上加花岗石桥面，成为可以行人的水关桥。该水关遗迹始建年代较早，对研究太仓城建历史有着重要意义。

如皋城东水关遗址全貌

7. 如皋城东水关遗址

如皋东水关为明嘉靖三十三年（1554 年）所筑城墙遗构，位于南通如皋市如城街道东北隅水绘园内。现高 8 米，长 21.9 米，宽 17.1 米，由砖砌涵洞沟通内外城河。涵洞东西走向，洞顶为尖收式，剖面呈莲瓣形，高 6.65 米，宽 3.8 米，进深 7.1 米，洞底由杉木排桩覆以城砖铺就，两侧帮以长麻石条。东口安装有木栅栏枢槽，并有“东水关”青石额一方，墙体原嵌有《平倭始末记》碑。

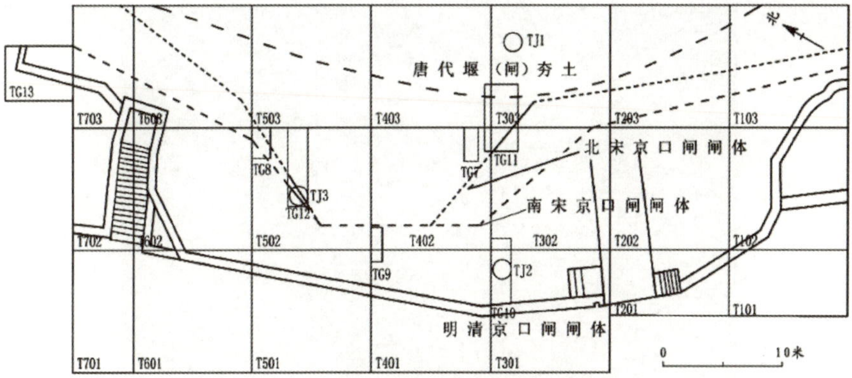

唐代至明清京口闸闸体位置示意图

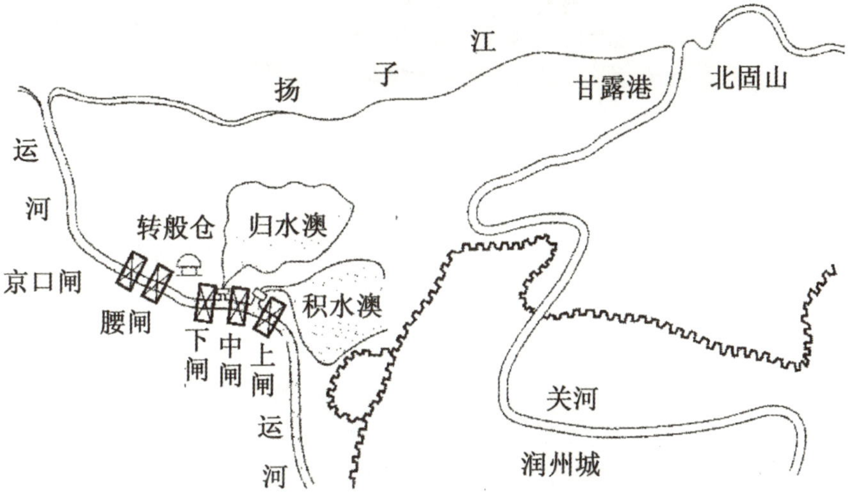

北宋元符二年（1099年）京口闸示意图

（二）闸

1. 镇江京口闸遗址

京口闸是镇江城区的一座通江水闸，位于镇江古运河入江口处，北连长江，南接大运河，是入江南运河上的第一座闸，堪称漕运咽喉、交通枢纽。

京口闸遗址

古代人将大运河镇江段地形形容成乌龟壳，因为其南北低而中间高，是长江和太湖的分水岭，船要通过这个高岭，要借助工程措施才能实现。京口修筑堰埭或闸都是为了解决运口的水源问题，但仅筑坝或置闸，运口段水源和航行仍然非常困难。北宋元符二年（1099 年），京口闸由潮闸改建为复闸，原有 5 闸，自北而南由潮闸、腰闸、下中上三闸、水澳（用于调节船闸水位，当运河水量不足时，由积水澳的水进行补充，当水流入闸室后，多余的水流入归水澳）、澳堤及澳闸组成。闸间距 130 米左右，闸之间与归水澳、积水澳通。其运行方式为：船只南行由长江入运河时，候潮至，开京口潮闸，船入塘河；闭潮闸，开下闸，船入第 1 级闸室并等待继续向最高的 2 级闸室攀升；此时，闭下闸，由归水澳向 1 级闸室供水；待 1 级闸室与 2 级闸室水位相平时，开中闸，船只进入 2 级闸室；接着闭中闸，由高程较高的积水澳向 2 级闸室供水；待 2 级闸室水位与运河水位相平时，开上闸；船只由上闸顺利越过分水岭，进入江南运河。船只由南向北，自江南运河进入长江时，澳闸工作顺序相反。京口闸由于复闸和水澳的配合运用有效地平衡了由于地形形成的航道水位差，实现了船只翻越分水岭的目的。镇江京口闸澳系统作为宋代水利航运的重要系统工程，是一处代表性的多级澳闸，也是一处具有多重功能的复闸，体现了我国古代水利工程

京口闸闸槽

的科学技术水平。

由于京口闸具有潮闸的功能，需要配合潮水的顶托将江水引入运河，潮水涨退时间掌握、潮闸及其他闸启闭的时间掌握与潮水位、运河水位之间均需要配合，这显然更需要严密的组织，在通讯不畅的时代，其管理难度可想而知。一旦管理松弛，必然形成连锁反应，造成整个系统功能的退化。到了南宋末年，由于管理不善，加之长江淤积，潮水高程难及，漕运艰难，所以赵溍又废闸设坝，重新倒退到堰坝时代。到了元代，京口闸已经废弃很久，仅存土埭。元天历二年（1329 年），因长江长期低潮，京口段运河竟断航 5 里，不得不开新港重置京口闸坝，恢复了宋以前的车潮水入塘河维持航行的情况。在清代，京口闸因河道淤塞而废弃。民国时期，京口闸区域被填埋为路。

2011—2012 年，考古工作揭示出唐代堰（闸）及北宋至明清京口闸东侧闸体、河道、码头、道路、碑亭等遗迹，出土唐代至民国时期陶瓷生活用品、祭祀供器等各类遗物，其中两件元代青花香炉尤为珍贵。京口闸遗址是大运河文化遗产的精华之一，具有重要的历史文化价值。

草堰石闸

2. 草堰石闸

草堰石闸，位于盐城大丰区草堰镇草堰村南端原范公堤上，即“古小海场正、越二闸”，又称“鸳鸯闸”，始建于宋代，明万历十一年（1583 年）重建，为范公堤十三闸中仅存的一座石闸，千百年来西泄兴化乌金荡和车路河洪水，东御海潮。

清雍正七年（1729 年）和乾隆十二年（1747 年）草堰石闸两度改建，两闸相距 20 米，形体一样，青石砌成，均为二孔一矶心，每闸长 14.8 米，机心宽 4.2 米，金门宽 5.3 米，高 4.8 米，闸门为东向西，每孔两侧有四槽，备有两闸板相对启闭。中华人民共和国成立后为适应泄洪和 204 国道交通需要曾进行修理，金刚墙条石之间用水泥嵌缝，闸面用水泥铺面加宽供行车之用，每闸只留二槽。

清代范公堤归海十八闸表

名称	始建年份	闸址	概况
石䃮闸	万历四年（1576年）	盐城东门外一里许	淮安知府邵元哲应盐城知县杜善教的请求建成。雍正七年（1729年）建闸一座，两孔，总宽三丈二尺六寸。乾隆六年（1741年）、二十一年（1756年）分别进行过修理。后其泄流作用日渐减小，于1985年拆除
天妃闸	乾隆四年（1739年）	盐城县治北门外天妃口	乾隆六年（1741年）夏竣工，闸共五孔。乾隆二十二年（1757年）复修。嘉庆六年（1801年）重建，仍为五孔，闸孔总宽八丈四尺七寸，潮落时闸室水深一丈五尺八寸。一直在泄洪御卤方面发挥很大作用，直到20世纪70年代中期疏浚新洋港时拆毁
天妃越闸	乾隆年间	天后宫北越河	知县黄垣建成。共三孔，闸孔总宽五丈四尺。嘉庆六年（1801年）、光绪十九年（1893年）重修。与天妃闸同时被人拆除
丁溪闸	万历十一年（1583年）	东台县城北十八里	泰州知州李裕主持兴建。万历十六年（1588年）、康熙三十一年（1692年）曾重修。乾隆十二年（1747年）改建为五孔，孔高一丈三尺二寸闸孔总宽七丈八尺
小海正闸	万历十九年（1591年）	东台县治北二十五里	雍正七年（1729年）与草堰闸同时改建，增为两孔，总宽三丈三尺，东御海潮，西泄车路、乌金荡入串场河之水，闸下引河小海灶河归王家港入海。清末，闸墩已见倒卸
小海越闸	乾隆十二年（1747年）	正闸南侧与正闸相连	双孔，闸孔总宽三丈二尺。光绪时，闸门已见堵闭。上下游引河与正闸同
草堰正闸	万历十九年（1591年）	东台县治北二十八里	康熙三十一年（1692年）修，雍正七年（1729年）改建，增为两孔，闸孔总宽三丈三尺
苇子港闸	乾隆十二年（1747年）	草堰正闸北侧，与之毗邻	三孔，每孔宽一丈六尺，光绪年间实量总宽四丈八尺六寸。光绪时，闸门均已堵闭
白驹南闸	明末	大丰市白驹镇附近	雍正二年（1724年）为大潮冲圮，七年（1729年）与中、北闸同修，雍正十三年（1735年）、乾隆年间再修。乾隆二十二年（1757年）改建为两孔，每孔一丈九尺五寸，光绪年间实量总宽三丈六尺五寸

续表

名称	始建年份	闸址	概况
白驹中闸	成化八年（1472年）	南距南闸二里	乾隆五年（1740年）建，一孔，宽一丈九尺
白驹北闸	明末	与中闸相连	乾隆五年（1740年）移建，一孔，孔宽一丈九尺
一里墩闸	乾隆十二年（1747年）	白驹北闸以北白驹境内	五孔，每孔宽一丈八尺。乾隆十三年（1748年）、二十一年（1756年）重修。光绪年间潮水已很少到达闸下
青龙闸	雍正七年（1729年）	大丰市刘庄	建于明天启三年（1623年）以前。两孔，每孔一丈八尺，光绪年间实量总宽三丈三尺六寸
八灶闸	乾隆十二年（1747年）	南距青龙闸三里	两孔，每孔一丈七尺二寸，光绪年间实量总宽三丈四尺。光绪十三年（1887年）闸南首裁毁堤身二十余丈，闸失去作用
大团闸	明末	南距八灶闸二十四里	乾隆十二年（1747年）改建为两孔，每孔宽一丈八尺，闸孔总宽三丈六尺
上冈闸	雍正七年（1729年）	建湖市上冈镇北，串场河西岸	乾隆五年（1740年）移建东岸，一孔，孔宽一丈四尺五寸。道光二十八年（1848年），南墙为潮水冲塌
草堰闸	雍正七年（1729年）	建湖草堰口串场河西岸	乾隆五年（1740年）移建东岸流湍浦，一孔，孔宽一丈六尺五寸。清末该闸已圮废
沟墩闸	不详		双孔，闸孔共宽三丈八尺。光绪时南闸墙倒卸，闸墩已损坏，民国年间拆除
归海十八闸共十八座，计四十三孔，闸孔累积净宽七十三丈一尺			

清江大闸

3. 清江大闸

清江大闸始建于明永乐十三年（1415 年），初称清江正闸，后改龙王闸，又称龙汪闸，是目前京杭大运河上仅存的一座明代水闸。大闸全身及其周边全用长方条石迭砌而成，闸身历经 600 余年依旧坚固，是运河史上水利工程的杰出代表。

宋朝时，江淮转运使乔维岳为了漕运的方便，开辟从末口（今淮安区淮城镇）到泗口（泗水入淮口）的沙河，又名乌沙河。明永乐十三年（1415 年），漕运总兵官陈瑄重新疏浚沙河，更名为清江浦，并在清江浦上建了新庄、福兴、清江、移风四道闸，以控制桀骜不驯的水流。据记载："清江闸，捷石畚土为楔，横板二丈有奇。工曹司其启闭，闭则下钥，启则怒流。"清江大闸经清朝康熙、雍正、乾隆、嘉庆、道光各代重修加固，最后闸口放宽至 7 米。现存的清江大闸由正闸和越闸（副闸）组成，越闸在正闸右前方，建造时间比正闸晚且闸身矮、闸门略窄。正闸的前后均有闸塘，迎水的上水闸塘小，出水的下水闸塘大。清江大闸的正闸和越闸都是双闸门，双闸槽至今还完整地保留在闸墙上。

清江闸是漕粮必经的咽喉要道，由于上、下游水位落差较大，船舶过闸时非常艰险。清初诗人吴梅村曾有诗感叹道："岸束穿流怒，帆迟几日程。石高三板浸，鼓急万夫争。善事监河吏，愁逢横海兵。我非名利客，岁晚肃宵征。"从一张清江大闸老照片可以看到，清江大闸上两边各有三根与闸身成一体且相向斜着的长方形粗石桩，这是用来装辘轳吊闸门的，现已不存。在大闸西边的两旁闸墙上，至今还留着多年来被"绞关"的钢丝缆和"掂船"的缆绳捋出来的多道深深的凹痕。中华人民共和国成立前，淮安一带有一句俗语，叫"眼一瞎，跳大闸"，反映了清江大闸溜塘深广，水流湍急，投身水中很快就会被卷入漩涡，不见踪影。

中华人民共和国成立后，政府建造了钢筋水泥的桥面，1959 年在市区以南重新开凿大运河新道，清江浦已变得水流平静，不再对往来船只形成威胁。2009 年 9 月 26 日，国家邮政局发行一套《京杭大运河》特种邮票 6 枚，当中第 4 枚就是位于江苏淮安的清江大闸。

双金闸

4. 双金闸

双金闸，位于淮安市淮阴区，是盐河的渠首闸，也是京杭大运河沿线重要的文化遗产点。

双金闸起初是为分泄黄河洪水而建。清康熙二十四年（1685 年），清朝河道总督靳辅上疏建双金门闸，并挖闸下引河。靳辅上疏曰："洪泽周回数百里，所引上流分黄之水难免倒灌，今于清河县西建双金门大闸一座，并于闸下挑引河一万余丈，如遇黄河十分异涨，立启此闸，分泄归海，则淮黄会合之处又可减黄水一二尺，有裨运道。"康熙帝批准了靳辅的疏请。闸建成后，黄河一旦遭遇洪水，则启闸分泄归海。康熙四十二年（1703 年）改运口于杨庄，双金闸就专门分泄中运河之水。冬春季节，也会启闸放水，以接济盐河水运。

现存的双金闸为民国十一年（1922 年）民国政府延聘英国工程师莱茵所规划设计的。闸底板采用桩基水泥混凝土，闸墙以水泥砂浆砌筑条石，下游防冲底厚 1~1.3 米，这是在国内水工建筑史上首次引进和使用水泥，成为中国水利建筑史上使用水泥作为胶结材料的起始。结构整体性好，强度及耐久性均大大提高，启闭更为灵便可靠。

双金闸为梭头式，两闸门各宽 7.5 米，闸墙高 8 米，叠石 21 层，矶心围近 60 米。出口处建有静水池，使泄流自行削减冲击力。下游增置板桩并护以块石，以抵御冲刷。设钢架木面闸门，建工作桥，安装起闭机，人力轮盘操纵。引河上游钳口坝由厢埽改用水泥浆砌石工，口门宽 13.5 米。1971 年，双金闸在保持民国所建闸体原貌的基础上进行了加固，并被更名为夏家湖南电站。1959 年开挖淮沭河切断盐河上段，改在杨庄建盐河节制闸和发电站及船闸，承担着盐河与中运河泄洪排涝及通航、发电的重要作用。双金闸仍是淮安乃至江苏目前保存最为完好的、唯一的民国初期水闸。

5. 淮安板闸遗址

板闸遗址位于淮安市淮安区淮城镇板闸村，即历史上的淮安府板闸镇，因此地清江浦运河上建有板闸而得名。明代永乐年间，平江伯陈瑄循北宋沙河故道开凿清江浦河，筑移风、清江、福兴、新庄、板闸五闸节制，自此开启该地前后五百余年的繁华盛景。清江浦是明清大运河沿线最为繁华的地段之一，扼漕运、盐运、河工、榷关、邮驿之机杼，是古代运河的交通枢纽和商业重地，留下了丰富的历史文化遗存。

2014 年 10 月，“板闸风情街”建设项目在施工过程中发现大量条石，确定地下埋藏的石砌建筑为一座明代水闸遗址。淮安市博物馆随即对遗址进行了两次发掘，发掘总面积 2000 余平方米，揭示了水闸遗迹的整体面貌，并对周围相关附属遗迹进行了清理和解剖，对遗址的整体面貌有了一个较为清晰的了解。结合史料记载，已确定板闸遗址是明代早期修建在里运河淮安段的“古闸之一”。板闸遗址闸体保存状况良好，遗址地表还留有明清三元宫古建筑和钞

淮安板闸遗址

关遗址，分别位于发掘区的东、西两侧。两次考古发掘发现有古河道、水闸、建筑基址、古堤坝、古码头等诸类遗迹。板闸遗址的发现为世界遗产大运河增添了新的重要的内涵和材料，对研究我国明清水利史、运河史都具有巨大的意义和价值。

刘堡减水闸

6. 刘堡减水闸

刘堡减水闸位于扬州市大运河宝应段大堤的东岸，是调节运河与宝应湖之间的水位差，保障漕运水位，保护大运河堤防安全的水工设施。

水闸始建于明万历十二年（1584 年），后经过多次修缮，清乾隆年间逐渐淤塞废弃，现为遗址状态，这是扬州运河段上发现的唯一一处时代最早、保存最完整的明代里运河水利设施。整座闸体呈“】【”字形，为青石砌筑，堤坝、闸墙以及西侧摆手基本保存完好，可清晰地看到木桩基础、堤闸石工以及水闸设计与两侧水位的关系。

练湖闸

7. 练湖闸

“泄练湖水一寸，以济运河水一尺”。练湖对京杭大运河的济漕发挥了巨大作用，曾被誉为“东南第一水利”，因大运河镇丹段地势高亢，当枯水期难以航行时，练湖可开闸放水，抬高运河水位。

练湖于西晋末形成，西晋惠帝永兴三年（306 年）在丹阳城北遏马陵溪建练湖，周一百二十里，溉田数万顷。唐永泰元年至二年（765—766 年），利用练湖向运河补水，“自是河漕不涸”。至清末民初，练湖对大运河的济漕功能丧失，民国二十四年（1935 年）修建“练湖闸”，同时围修湖堤 16 公里，

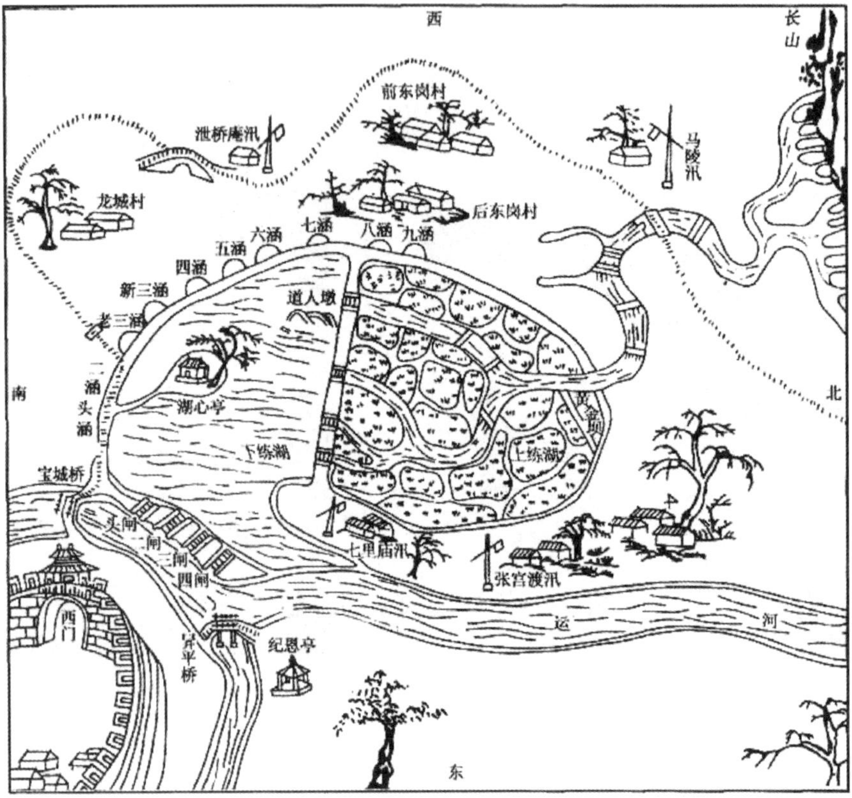

练湖图（采自清黎世序《练湖志》）

灌溉田亩达 5 万公顷。1959 年大运河改道，练湖闸被弃用。

练湖闸位于镇江丹阳市练湖东南角，系钢筋混凝土五孔泄水闸，民国二十四年（1935 年）11 月，由江苏省建设厅江南水利工程处设计，陈宏记营造厂承包建设，民国二十五年（1936 年）7 月竣工投入使用，闸分五孔，每孔宽 2.5 米，闸墩高 3.3 米，全闸长 17 米。闸门为木制，钢筋混凝土底板，启闭方式为手动摇螺杆启闭，闸东有多排坡形缓水墩。

茱萸湾古闸区

8. 茱萸湾闸

茱萸湾古闸区位于扬州市区湾头镇。在汉代茱萸湾就已形成，至隋代，茱萸湾便成了从水路进入扬州的一个重要门户和漕运、盐运的重要港口。

茱萸湾闸现闸为清光绪二十七年（1901年）重建。两岸尚存石岸长200米，青石砌成，每块青石之间均用银锭形铁件榫铆。闸东西两岸建有砖砌券门，券门上石额分别刻有阮元题“古茱萸湾”及“保障生灵”。闸区有老街一条，基本保持了原有风貌。闸南岸存有传为太平天国遵王赖文光的扣马石，与茱萸湾公园形成旅游线。此处运河是大运河从扬州向北十三道湾的头道湾，而茱萸湾古闸是船只进港避风的重要水工设施，是运河发展的重要见证。

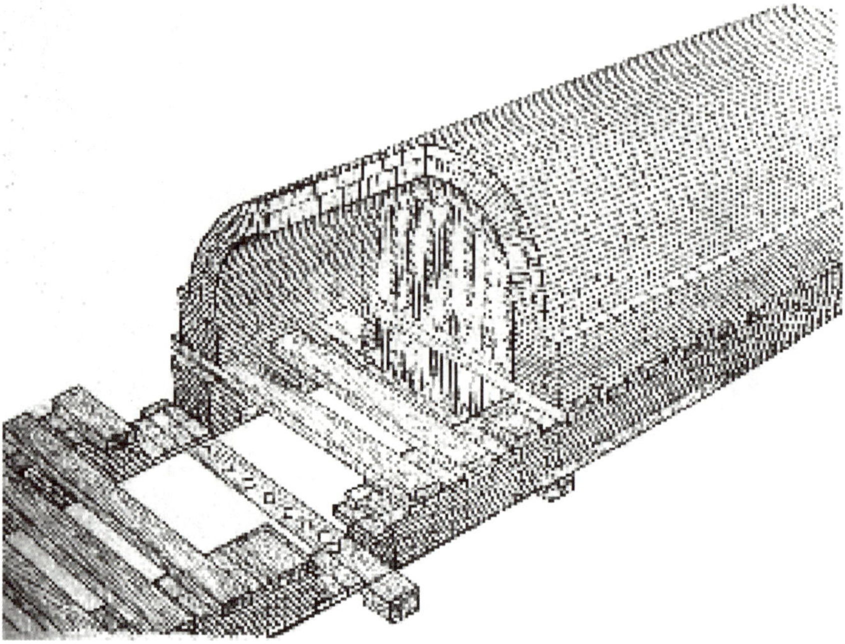

唐代水涵洞结构复原示意图

（三）涵

1. 扬州唐城水涵洞遗址

扬州唐城水涵洞遗址位于扬州市文化路南口西侧的扬州大学校园内，既有排水功能，又有防御能力，建造时代为唐代。

扬州唐城水涵洞建筑面积为 21.6 平方米，正南北方向，建在南城墙的基础下，水涵洞为圆券顶长条遂道形式，宽 1.8 米、高 2.2 米、残长 12 米。洞壁中腰距涵洞底 0.5 米处，平铺一层木隔板，木板架在两侧洞壁上，木板之间留有

筒瓦组合成的疑似古代排水道

空隙。于水涵洞中部设置双层木栅栏，两层木栅栏间隔 2.4 米。涵洞顶用砖券砌，为一券一栿的方法筑成，里券用砖直立砌，外券用砖横立砌，既有排水功能，又有防御能力。这种砖木结构的水涵洞，是目前我国唐代城址考古中发现保存最完整、建筑规模最大的排水涵洞，为研究唐代扬州的城市建设又提供了十分重要的实物资料。1993 年经江苏扬州城考古队发掘以后，为了保护唐代水涵洞，扬大综合大楼向西移动 2 米，让出水涵洞范围，并就地掩埋。

泰州宋代排水涵遗址

2. 泰州宋代排水涵遗址

泰州宋代排水涵遗址是城内水系向城河排水的通道，青砖砌成，券顶，底部铺有石板。

泰州城墙始筑于南唐升元元年（937年），后屡有修圮，明洪武三年（1370年）重建。城河在南唐筑城时同时挖建，南宋建炎三年（1129年）和宝庆二年（1226年）相继拓建。泰州古城经过漫长发展，如今仍是城外“水绕城”——凤城河绕城流过；城内“水穿城”——市河、玉带河纵横在各街区。时隔千年，泰州城河水系保存完好，是江苏省内目前规模最大、保存最为完整的城市河道之一。

泰州城墙的宋代排水涵遗址于2006年8月凤城河景区建设工地出土，南北走向通向城河，涵洞砌于古城墙下，是城内水系向城河排水的通道，青砖砌成，券顶，底部铺有石板，现场有宋代纪年砖及同时代钱币出土。

五、码头渡口

码头渡口

江苏号称“水乡泽国”，境内河湖泾浜密布，是天然的水运交通系统，而沿河的一座座码头就成了水运交通的重要节点。

一座码头的设立，往往会带来源源不断的客商、游人、南北货，以及服务于码头的各种店铺设施，慢慢发育成为繁华的街道和城镇。江苏境内的大部分城镇均为沿江、沿河、沿湖而建，就是这个道理。

江苏历史上码头渡口众多，如秦始皇渡江的江乘渡、“永嘉南渡”的西津渡、闻名遐迩的王羲之迎接小妾的桃叶渡、白居易诗歌中的瓜洲渡、郑和下西洋的刘家港、淮河沿线的云梯关等。当然，更多的还是京杭大运河沿线的码头和渡口，几乎运河沿线每座城镇都会有一座码头。码头因来往人流众多，逐渐形成了包容万象、多元文化交汇的码头文化，这也应是江苏水文化的重要组成部分。

随着岁月的变迁以及城镇化的推进，大部分古代码头和渡口都难觅踪迹，不过人们还是能从留存的码头或渡口遗迹中，感受历史的脉动和沧桑。

1. 瓜洲渡

瓜洲渡口作为古运河的入江口，位于扬州市邗江区南四十里长江之滨。在唐代是七省漕运咽喉，到了唐代中叶，已经成为“江北重镇”。

晋代时，由于沙渚出水为洲，洲形状如瓜字，又因为漕河在此地分为三支，由此得名瓜洲。瓜洲渡虽面积不大，但它是漕运江北运口，“瞰京口，接建康，际沧海，襟大江”。

唐宋之际，瓜洲渡口商贾云集，舟楫穿梭，吸引很多文人雅士前来游览吟诵，留下众多歌吟瓜洲的千古名篇。如高蟾的《瓜洲夜泊》“一夕瓜洲渡头宿，天风吹尽广陵尘”，张祜的《题金陵渡》“潮落夜江斜月里，两三星火是瓜洲”，还有白居易《长相思》中的“汴水流，泗水流，流到瓜洲古渡头，吴山点点愁”，陆游的“楼船夜雪瓜洲渡，铁马秋风大散关”，诉说的都是这座古渡的沧桑。

此外，郑成功北上征讨，马可波罗游访，康熙、乾隆南巡，鉴真东渡，杜十娘投江等，都与瓜洲渡有着千丝万缕的联系。其中，在瓜洲古渡发生的故事中最为著名的，当属明朝万历年间的“杜十娘怒沉百宝箱”：当年进京赶考名落孙山的绍兴官宦子弟李甲，倾其所有为京都名妓杜十娘赎了身，然后携其搭乘瓜洲差使船南下回乡，途径瓜洲渡时发生了转卖杜十娘给商人孙富，杜十娘当众打开百宝箱并投江自尽的故事。所谓瓜洲差使船，就是从通州潞河到瓜洲的漕运船或是官船，常可搭乘客人，也可捎带货物。

如今，见证历史沧桑的瓜洲古渡，已经成为闻名遐迩的风景旅游区，悠悠古渡，任凭游人前来寻访、怀古。

西津渡街待渡亭

2. 西津渡

西津古渡诞生在长江与运河交汇处的黄金水道上，被称为“江南第一渡”。

古时渡口樯帆如林，渡人南来北往，积淀了深邃的文化内涵和丰厚的历史遗存。李白、孟浩然、张祜、王安石、苏轼、米芾、陆游、马可·波罗等都曾在此候船或登岸，并留下了许多为后人传诵的诗篇。

西津渡在三国时叫“蒜山渡”，唐代曾名“金陵渡”，宋代以后才称为“西津渡”。这里原先紧临长江，滚滚江水就从脚下流过。古时候，这里东面有象

西津渡街石额券门

山为屏障，挡住汹涌的海潮，北面与古邗沟相对应，临江断矶绝壁，是岸线稳定的天然港湾。六朝时期，这里的渡江航线就已固定。规模空前的“永嘉南渡”时期，北方流民有一半以上是从这里登岸的。东晋隆安五年（401 年），农民起义军领袖孙恩率领“战士十万，楼船千艘”，由海入江，直抵镇江，战略目标就是“鼓噪登蒜山”，控制西津渡口，切断南北联系，以围攻晋都建康（今南京），后被刘裕率领的北府兵打败。宋代，这里是抗金前线，韩世忠曾驻兵蒜山抗御金兵南侵。千百年来，发生在这里的重要战事有数百次之多。南宋建炎三年（1129 年）宋高宗南下至扬州，金兵逼近城下，他乘骑杀出重围，西津渡让高宗逃过一劫。

清代以后，由于江滩淤涨，江岸逐渐北移，渡口遂下移到玉山脚下的超岸寺旁。现今的西津渡古渡不再，但西津渡承载的历史与厚重的文化，却灿灿永存。随着古街区保护性开发，西津渡这座“古渡博物馆”，正一天天从历史的风烟中唤醒。

邵伯码头

3. 邵伯码头

自从邗沟贯通江淮，邵伯成为南北往来必经之路，船舶往来日渐繁盛，因此在邵伯镇运河故道两侧形成了大量码头。

公元 18 世纪时，维修邵伯运河东岸大堤，修建砖石墙，同时修建了竹巷口码头、大码头、朱家巷码头和庙巷口码头共四座（遗址尚存）。这四座码头北起邵伯节制闸，南至南塘，长约 2000 米，宽约 30 米，这里码头相连，船船相接，帆樯林立，甚为热闹。

清乾隆年间，邵伯水运发达，往来大运河南北的客商、官船、往返考生络绎不绝。从瓜洲北上的船只当晚可以达邵伯，从北方南来的船只害怕江上风浪，

竹巷口码头西立面

到了邵伯就停泊过载，北方的大豆、淮盐，南方的广货（百货）、茶叶、桐油、丝绸均会到邵伯中转过境，因而邵伯成了运河南北运输线上的大码头。这四座码头是在邵伯镇的主要停靠之处，也是邵伯镇及大运河以东地区进行对外货物贸易的主要场所，邵伯镇在清以前的繁荣，很大程度上依赖于这四座码头。当年，码头上为船运服务的锚链、油麻、斗斛、笆斗、盆桶远近驰名，豆行、粮行、饭店、浴室、旅社、水产等百业兴旺。

自从津浦铁路通车后，大宗货物集散地西迁蚌埠、南移镇江，邵伯水上运输才逐渐式微，加之漕运改折，漕粮停止，运河停摆，尤其是民国二十五年（1936年）运河改道之后，这些码头也被逐渐废弃。当年码头与运河的水位平齐，通过石阶与大堤的道路联系。现在的码头在水面的部分已经萎缩，只留有运河边的石质台阶，现作为遗址展示。

高邮御码头遗址

4. 高邮御码头

“御码头”，是指皇帝曾经使用过的码头。江苏境内“御码头”数量较多，如高邮御码头、宿迁皂河镇御码头、淮安清江浦御码头、扬州天宁寺御码头、常州御码头等。

高邮御码头位于今里运河和高邮湖中间，高邮城西北位置，为清代康熙、乾隆下江南巡视河工，勘察水情时经过高邮登岸的码头，现在御码头旁立碑以示纪念。1956 年，大运河拓宽改道，在里运河东堤另辟新河，御码头也不再使用。至 20 世纪 80 年代，里运河逐步被填平，御码头大部分被埋入地下，加之常年的风雨侵蚀，石块破损较为严重。后经发掘清理，才使御码头再现于世人。

高邮御码头平面为矩形，开口于河面，两侧与河床护坡相连。御码头由路面通过台阶逐级延伸至河面以下，码头平面阔 3.3 米，可见露明部分，水平进深 16.44 米，码头底面至顶面的垂直高度为 6.95 米，斜长 18.8 米。台阶每步宽在 29~33 厘米之间，伸入河床部分被淤泥覆盖。码头采用石材铺设，主要为青石，掺杂其他石材，两侧设带石，带石之间铺台阶石。

5. 南通大生码头

大生码头是南通的第一个码头，为清朝实业家张謇建立。

清朝末期的张謇，是光绪皇帝时代甲午恩科状元，是一个被南通人提及频率最高的实业家与教育家。他在南通创办大生纱厂的同时，就建立了大生码头。这是南通第一座码头，为的是便于南通新兴工厂企业燃料、原料、机器、成品的运输。

南通大生码头

六、陂塘水利

陂塘水利

陂湖塘堰通常是利用环山抱洼的有利地形，修筑长堤，围成陂湖，就地调蓄泾流，灌溉农田。特别是在丘陵平原地区，修建陂湖塘堰成为农田灌溉的主要样式。

江苏陂塘工程历史悠久，其中著名的有蒲阳陂、扬州五塘、赤山湖等。东汉元和三年（86 年），在徐县北里（今泗洪县南）修复蒲阳陂，“水广二十里，径且百里”，是当时著名的水利工程。东汉建安元年（196 年），陈登在广陵（今扬州）修浚陈公塘、上雷塘、下雷塘、小新塘，加上唐代修筑的勾城塘，即著名的“扬州五塘”。三国时孙吴在句容城西开凿绛岩湖，即赤山湖，引水为湖，灌田“号称万顷”。扬州五塘和赤山湖不仅灌溉农田，而且还曾发挥过运河水柜的作用。只是随着时代的变迁，明代中叶以后，黄河夺淮，淮河水南下，淮扬运河不患水少，只患水多，加之垦田侵占，扬州五塘逐渐消失，至今仅存“陈公塘”“雷塘”等地名。唯有赤山湖经过历代修治，还在发挥水利效益。

1. 赤山湖

赤山湖又名赤山塘，蓄山溪水成湖，名赤山塘，下流通秦淮河，位于句容市西南 15 公里处，处于秦淮河上游，水域面积为 7.8 平方公里。

赤山湖

赤山湖的浚治，迄今已有 1700 余年历史。相传孙吴赤乌二年（239 年），作为破冈渎的配套蓄水济运工程，在这里筑堤，蓄山溪水成湖，名赤山塘，下流通秦淮河，并在湖中立磐石，以为湖水疏闭之节。南齐隆昌元年至建武五年（494—498 年），沈禹于湖西兴工增修柏岗埭，控制下入秦淮河水量以便灌溉通航，后废。唐麟德二年（665 年），县令杨延嘉按故堤修复赤山塘，并建两个斗门，立碑碣，定取五尺之则，不得盗耕一亩，不久又废。大历十二年（777 年）再度兴工修成。当时湖周长约 120 里，有二斗门控制水量，号称灌田万顷。南唐及宋对赤山湖的治理更注重管理。湖心原有磐石，用以观测水位，北宋天圣二年（1024 年）在其上置立大石柱一条，将湖心磐石水则刻于柱上永为定则。

元以后，赤山湖内的湖周滩地逐渐围垦。朱元璋建都金陵后，遭遇特大水灾。钦命大司农李德森东巡秦淮，筑堤设周冈湖（今周岗圩）分洪。敕令句容县迁徙沿湖居民，毁圩扩湖并立石刻碑，不得侵水筑圩垦田。此后，赤山湖基本恢复原来范围。明万历年间以赤山湖久废，议浚河麻培桥直达秦淮，东西建闸，从而让低洼地区获得水利。清代赤山湖已大半围垦成田，虽屡禁垦，终不能制止。直到清光绪八年（1882 年），左宗棠派兵勇兴挑赤山湖道士坝至陈家边新旧河道，又修陈家边闸一座。

清代以后到民国末年，原湖周长 120 里，已缩为 40 余里。民国二十五年（1936 年），兴建花兰墩节制闸一座，共装手摇启闭机 6 台，同时废陈家边闸，兴筑赤山滚水坝一座，坝长 34 米，并对赤山湖南、东、北三面湖堤进行加固。此时，赤山湖滞洪 1 米多深，蓄洪量约 2 000 万立方米。

建国后经过整治，赤山湖整个水利枢纽配套设施已基本形成，初步达到“引得进、排得出、蓄得住、灌得上”，抗灾能力明显提高，人民生命财产的安全有了一定的保障，赤山湖资源亦得到进一步开发利用。

2. 盐城大纵湖遗址

大纵湖位于江苏省盐城市盐都区、泰州市兴化两地，一名大湖（见《明史·河渠志》），又名太湖（见《行水金鉴》），地处里下河平原腹地，是运东湖群中地势最为低下的地区。湖面南北宽 6 公里，东西长 9 公里，以兴化市湖中为界，其水源至鱼踪湖由马长汀达射阳湖入海。为古射阳湖

大纵湖俯览图

大纵湖湿地

经分化解体后的残迹湖之一。

大纵湖从远古新石器时代以来，经历了陆地——浅海——陆地——湖泊的巨大变化。民国十八年（1929 年）大旱时，大纵湖干涸见底，曾从湖底挖出许多锅灶、城墙砖、瓷瓦罐、坛子、铜币等，还挖出断旗杆以及街道、古井和墙的痕迹。大纵湖系过水性浅水湖泊，呈鸭蛋形，流域面积 54 平方公里，最深处 2 米左右，蓄水近 1 亿立方米。湖水清澈，湖底平坦，自然风光秀丽，经过人工点缀，更加景色宜人，《盐城县志》曾誉其为“平湖秋月”，为盐城古代八景之一。清代诗人高岑有诗云：

扁舟一棹泛秋湖，月色平铺似画图。
红蓼花疏波滚雪，白苹叶细露凝酥。
一天星斗凉如洗，两岸人烟泼欲无。
最是夜深风浪涌，水晶盘里走龙珠。

湖边有文峰阁（含东闸桥下），相传郑板桥曾在此执教讲学。历代多有文人墨客慕名前来领略湖光水色。当代散文名家曾在湖边聚会，举行“丹顶鹤散文节”。

3. 莺脰湖

莺脰湖以形似莺脰而名，位于吴江市平望镇南，东北侧就是江南运河。

莺脰湖又名莺湖，水域面积 2.44 平方公里，湖底平均高程 0.8 米。莺脰湖西纳澜溪、頔塘来水，向东北泄入江南运河和太浦河，是杭嘉湖地区来水的重要集散地。湖畔小九华寺，始建于明万历四十四年（1616 年）。20 世 50、60 年代改为粮库和面粉厂，1996 年重建。湖中有平波台小岛，筑于明天启六年（1626 年）。頔塘入湖处有莺湖园，建于 1984 年 8 月，占地 40 余亩。

清道光《平望志》载："宋理宗嘉熙四年（1240 年）大旱，莺腹湖底龟坼，见废井街陌。"清代吴敬梓《儒林外史》"名士大宴莺脰湖，侠客虚设人头会"一回中有对莺脰湖夜景的描述。

莺脰湖

高邮湖

4. 高邮湖

高邮湖是江苏省第三大湖，它的前身是首尾相连的许多小湖，后来受漕运和人工导淮、治淮的影响，形成今日的高邮湖。

高邮湖从若干小湖汇为大湖，有一个较长的历史过程。从宋代起，为了增加漕运水源，筑堤界水，使得湖面增大，到了明代洪武初年，采用宝应老人柏丛桂的建议，为防风涛，用砖护砌高邮、宝应湖堤 60 里。永乐七年（1409 年），总兵官陈瑄“筑高邮湖堤”，高邮湖之名由此而始，并在堤内开河 40 里，既防风浪，又蓄水。到了明万历二十四年（1596 年），“分黄导淮”，挖河联通高邮湖与邵伯湖，引淮水入江，淮水大量进入高邮湖。此时，河、湖分隔工程次第展开，使得湖水压缩在里运河堤以西，原有湖面逐渐联并。清代继续采取“蓄清刷黄”的策略，为解决淮水出路，在高家堰与里运河堤上兴建减水坝，后又改为滚水坝，排泄的淮水经高邮穿过运河，向东入海、南下入江。到了清咸丰元年（1851 年），淮河洪水冲破洪泽湖大堤上的礼坝，淮水由三河直接泄入宝应湖，抵达高邮湖，使得里运河堤以西的湖泊整个连成一片。

今天的高邮湖湖区长约 48 公里，最大宽度约 28 公里，面积约 650 平方公里（其中安徽省境内约 70 平方公里），湖底高程 3.5 米，水位 5.7 米时，蓄水量约 8.7 亿立方米。高邮湖水域宽阔，水质良好，为多种鱼类、鸟类和水生植物的生长提供了得天独厚的生态环境，盛产青鱼、白鱼、黑鱼、鳊鱼、鲤鱼、鳗鱼等，更以青河虾、银鱼、螃蟹等闻名遐迩；水生植物有芡实、菱角、荷藕、莼菜等。湖区芦荡中常有鸥、鹭、鹤以及野鸭等出没，双黄鸭蛋是高邮湖的特产之一。

七、水文化遗址

水文化遗址

说起中国水利史的起源，一般都从 4000 年前的大禹治水传说谈起。然而根据近一、二十年来大量的考古资料，可知长江中下游地区在在新石器时代的中、晚期，已有较发达的原始水稻种植业，先民们在低洼地区利用骨耜、木耜、石铲、石犁和破土器等工具开沟筑埂，排水辟田，引水灌溉，出现了原始的灌排工程设施。目前已发现的草鞋山稻田灌溉遗迹及绰墩水田遗迹，就是距今 6000 多年的原始水田遗址及其灌溉设施。

南朝梁代修筑的浮山堰，当属江苏古代水利史上的超级工程之一。浮山堰自施工至溃决，水灾淹死人数以十万计，梁武帝因此饱受后人指责。然而，在南北朝时期，能采用木笼块石堵口，筑成 32 米高的土坝，并植杞柳防浪，这些成就表明中国筑土坝技术的先进。

江苏境内，尤其是黄河明清故道沿线被洪水淹没的城镇聚落不计其数，其中最为著名的遗址就是泗州城遗址和徐州的城下城遗迹。泗州城遗址是全国唯一一座灾难性城市遗址，被称为“东方的庞贝”。徐州的城下城，奇特之处在于陆续出现城下城、府下府、街下街、井下井、庙下庙、闸下闸等现象，历史与现实出现巧妙的重合，可以说独一无二。

草鞋山遗址

1. 苏南水稻田灌溉遗迹

苏南地区在新石器时期就有水稻田的灌溉遗迹，这是江苏水利活动的起源，其中典型遗址包括草鞋山水稻田灌溉遗迹和绰墩水田遗迹等。

草鞋山遗址位于苏州市工业园区唯亭镇陵南村和陵北村，是太湖流域的一处具有代表性的新石器时代重要古文化遗址。自 1992 年开始，由南京博物院、苏州博物馆、吴县文物管理委员会和江苏省农业科学院组成联合考古队，首次在国内进行水田考古实践。在距今约 6000 年的马家浜文化底层，发现了由浅坑、水沟、水口和蓄水井组成的遗存。在其中一处 30 米长的范围内，发现了呈多行排列，西南至东北走向，相互连接的浅坑 30 多个，面积一般 3~5 平方米，

绰墩遗址马家浜文化水田遗迹

个别小的 1 平方米，大的达 9 平方米，形状呈椭圆形或长方圆角形。浅坑沿一低洼地带分布，两侧有土埂，东部及北部边缘有“水沟”和“水口”相通，“水沟”两端有“流水坑”和“蓄水坑”，显然这组遗存与水的设施关系密切。浅坑内的填土经取样化验分析，发现含有丰富的水稻植物蛋白质，确证这里生长的水稻属于人工栽培而非野生。据此，参加发掘和考察的中日两国考古学家、农学家分析判断，遗存全部结构应看作是早期水田状遗迹。目前该遗址已回填。

绰墩遗址位于昆山正仪镇北约 2 公里，东靠傀儡湖、西邻阳澄湖，在马家浜文化层中发现了水田遗迹，计有水田 24 块，水井 4 口及相关水口、水路等，水田与水沟之间由于水的不断流通，使得水沟内也沉积大量水稻植物蛋白石。

2. 浮山堰遗址

浮山堰遗址俗称大岭子，曾在南北朝时期筑堰蓄水，形成隔离区，以抗北魏入侵，位于宿迁泗洪县四河乡潼河村西南 20 米，南距淮河 1.2 公里与安徽省浮山隔淮相望。

南朝梁初，南北争夺地点已经转移到淮河流域，因当时南方陷于混乱，北魏乘机向南扩张占领寿阳（即今安徽省寿县），使得北魏在淮南有了重要的战略据点，严重地威胁着南朝。当时北魏降将王足向梁武帝献计，筑荆山堰和浮山堰，筑堰蓄水，形成隔离区，以抗北魏入侵。梁武帝委派水官陈承伯、材官祖恒两位将军安排实施。两人实地勘察后，认为“淮内沙土漂轻，不坚实，其功不可就”。但梁武帝并不采纳他们的建议，命太子右卫康绚任总指挥，权督淮上诸军事，看护作堰。此次筑堰，为南朝梁廷特别巨大的工程，南起浮山，北抵巉石（潼河山），两岸同时进行，依岸培土，合脊中流。筑堰役夫需 20 万众，兵士不足，取派民夫，每 20 户令出 5 丁，并力合作。自梁天监十三年（514 年）仲冬开工，至天监十四年（515 年）孟夏，堰将合，淮水漂疾，决溃。这时有

浮山堰遗址

人认为，是水中蛟龙作祟，而龙怕铁器。梁武帝萧衍遂下令广搜铁器，大至铁锅，小至铁锹，共征数千万斤铁件沉入水中后，堰仍难合。于是再遍伐树木制成木柜，中填巨石泥土，下沉固坝。当时缘淮百里之内，木无巨细，石无大小，皆被取尽。军民日夜肩挑背负，皮溃肉烂。盛夏瘟疫流行，死者相枕，隆冬严寒相逼，士卒民夫死者十七八。当时冬季天气非常寒冷，淮、泗尽冻，朔风凛冽，劳工们手足俱僵。天公也故意肆虐，雨雪连宵，仅梁天监十四年（515年）一年中，因筑浮山堰累死、饿死、病死、冻死者10余万众。筑堰兵民异常劳役之苦，由此可见。

历时三载，天监十五年（516年）四月完工，筑成坝高20丈（约合48米），深19丈5尺，上阔45丈，下阔140丈，长约9里的浮山堰。堰旁曾开有两条溢洪道，上游形成巨大水库。堤上植杞柳，间建军垒。浮山堰筑成后，淹没了浮山以上淮河沿岸的大片土地，200公里以外的寿阳被水围困，壅水泛及堰上游民庐田禾，难民哭声震天，尸骨遍野，人民因此遭受的灾难可想而知。浮山堰筑成后，康绚被调回，护堰职责交由徐州刺史张豹子担当。天监十五年（516

年）秋，“淮水暴涨，堰坏，其声如雷，闻三百里，缘淮城戍村落十万余口，皆漂入海”。

浮山堰溃决以后，北端巉石山麓地势较高，堰身保存下来。《重修泗虹合志》载：“巉石西为铁索岭，乃梁武帝筑浮山堰遗址。”遗址现存长约 300 米，黄土夯筑，高约 8 米、宽 15~50 米不等，地面散见陶瓦片，曾出土铜箭头、铁剑等。

3. 东方庞贝——泗州城遗址

泗州城遗址位于江苏盱眙县，占地面积 3 600 余亩，基本完整地保留了 300 多年前的历史风貌和城市设施，是我国城市形态和结构保存最完整的古代城市遗址之一，也是全国唯一个因洪水湮没、完全废弃而整体格局尚存的大型城市遗址。

泗州始设于北周大象二年（580 年），泗州城遗址原为临淮县城，唐开元二十三年（735 年），成为州治。古泗州城曾经是繁盛的历史城市，其陆上的城市格局和主要代表性建筑物表现了当时历史文化的缩影。

被水淹沉的泗州城原筑于宋，有东西二城，明初合二为一。为了防止水害，将原有土城改为用砖石修筑，城周长 9 华里 30 步，城墙高 3 丈 5 尺。城内有城门五座、州署、城隍庙、文庙学宫、泗州营卫署、大圣寺、灵瑞塔、演武厅等。由于地当“江淮要冲，南北孔道”，城内修有伏龙、廻龙、汴泗、永宁、天梯等桥，“至于阛阓整饬，栋宇毗连，百货之所集，人才之所钟，视今日当加倍”。

泗州城遗址分为内城和外城，内、外城垣平面均呈椭圆形，城垣间距离 40~330 米不等，内城有五座城门，即东门、北门、西门、香华门和南门，香华门位于西门和南门之间，每座城门外均筑有防洪用的月城和月门，其中南门

古泗州城遗址

外为二座（像双闸门套闸一样）。城外发大水，即先堵月门，行人则从月城上出入，这种形式在国内非常独特。每座城门下都建有水关，舟楫可以出入，宋时通漕艘。

泗州城内有内城河，城外有外城河，河外还有防洪堤（原为宋时筑的土提），明万历四、五年间，巡按御史邵陛修筑了石堤，堤周长二千八百四十五丈，阔五尺，高九尺。明万历九年（公元 1581 年）重修，万历十六年（公元 1588 年），总理河漕的潘季驯又“加帮真土”，加高石工二尺，将堤顶石工后面的沙土换成了黏土。古城环城皆濠，濠外有堤，濠水相通。因沟濠纵横，故桥梁较多，各城门原皆有吊桥，以通行人，万历初南门改建石桥。城内外有桥 16 座，其中城内 8 座、城外 8 座。

至清康熙十九年（1680 年），因黄河流域发生大洪水，徐州以下黄河南

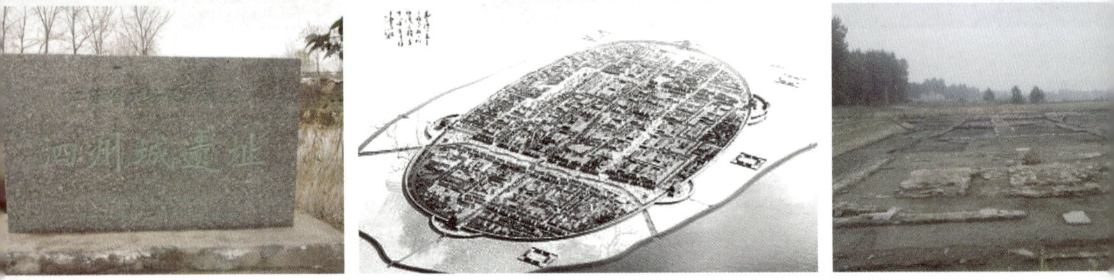

古泗州城遗址

堤多处决口，大量洪水进入洪泽湖，水位高涨，当年淮河流域也遇大洪水，致使泗州城遭黄淮洪水淹没，终致灭顶之灾。康熙三十五年（1696 年）全城彻底被泥沙埋没。

4. 徐州“城下城”遗迹

徐州城下城，是指徐州城在历史上屡次被毁，又屡次在原有城郭的基础上重建，经历代毁建形成了“城下有城”的奇观。

民国二十七年（1938 年），曾在徐州南门附近挖出了一对明代洪武年间东西相对的耳门。20 世纪 60 年代初，人们在原统一街（古城北门大街）开挖下水道时，在地下发现一条石板铺面的古街，恰好与当时地面上的街道重合一致。徐州医学院附属医院东的一口水井干涸之后，发现井底有套合的“井下井”石圈，原来这里是一口名副其实的二眼井，是在原石井湮没之后，人们测定其原始位置，又重开新井连通的。20 世纪 70 年代，徐州市公安局建办公大楼，挖除城隍庙大殿时，发现了距地表 7 米深处明代城隍庙的黄绿色琉璃瓦脊顶。1987 年 2 月，市中心的古彭地下商场施工时，发现一条残长 13 米多的石铺街道，正跟当时的太平街相合。在徐州古城图上，此处所标注的也是“太平街”，连街名都沿用至今。2010 年 10 月，淮海东路发现明代洪武年间修筑的徐州城东城墙，并且清理出城墙上的马面和雉堞等等，这样的例子不胜枚举。

徐州城下城形成的原因是历史上黄河、汴泗泛滥，以及战争中以水代兵，多次漫灌城内的结果。黄河夺淮后，在流至徐州城附近时，河道突然收缩，窄如瓶颈，徐州及下游极易决口。《明史・河渠志》载：明天启四年（1624 年）黄河决口，“六月，河决徐州奎山堤东北灌州城，城中水深一丈三尺”。洪水到来之时，正当深夜，官廨民舍尽没，居民溺死者数万。八月，河水再度泛滥，水积城中三年未退，州治被迫迁到云龙山，直到崇祯元年（1628 年），居民才陆续迁回城内，重建家园并将旧城修复。此时城中积沙，少则 1 米，多者达 4~5 米，是水漫州城沙积最重的一次。到了明代后期，黄河已经成为悬河，徐州城犹如锅底，一旦决口，势不可当，终至被泥沙吞没。灾后徐州人民又在废墟上重建，屡淹屡建，这才形成城下城奇观。

徐州城被泥沙埋后，为何还要在原址重建，是有其特殊原因的。明代陆文献于天启五年（1625年）在论述徐州城不宜迁的原因时，认为徐州是“三面阻山，一面临河，南引邳宿，北控兖济，西扼汴泗一泻千里之势，以保障江淮险要之设”的要害之地。明熹宗复旨也称“徐州负山临河，南北咽喉，夙称扼要，只宜固堤保城”，并批准了在旧城遗址重建新城的建议。

八、水文化建筑

水文化建筑

与水利相关的建筑，除了水工建筑外，还有一些附属的水文化类建筑，包括水文化祭祀类的建筑、水利工程管理类建筑、水利纪念性建筑等。

明清时期，江苏境内是治河、治运、保漕的重地，河道总督、漕运总督很长一段时间均驻扎在江苏，留下了清晏园等相关遗产。太湖流域的经济兴衰与治水息息相关，太湖流域历来是国家重要的税赋之地，历朝历代对太湖流域治理都极为重视。正因为太湖治水重要，太湖流域很早就设有专门治水管理机构，现存的太湖水利同知署就是重要遗迹。

由于古代水利工程技术水平较低，统治者在治水过程中，往往结合祈求神灵保佑的措施，希望能够保障黄河安定、运河漕运平安，使城镇避免水灾。江苏境内的祭祀类建筑主要有河神庙、大王庙、祠山大帝庙、妈祖庙、治河名臣庙等类型。此外，还有纪念性建筑如徐州黄楼等。

龙王庙行宫山门

1. 宿迁龙王庙行宫

龙王庙行宫建筑群始建于清代顺治年间，乾隆皇帝六次下江南，五次宿顿于此，并建亭立碑，拨帑金修缮，故又俗称为“乾隆行宫”。

中国古代的皇帝沿运河到南方巡游次数最多的是清朝的康熙皇帝和乾隆皇帝。康熙皇帝从 31 岁到 54 岁期间，6 次到江南巡游，其中第五次南巡时间最长，达 4 个月之久。巡游的目的，一是为了治理黄河水患，二是关心漕运安然，三是为了笼络南方的汉族知识分子，了解吏治情况。乾隆皇帝也曾 6 次下江南，同样关注水利、吏治。他南巡时，船队有船上千艘，拉纤兵丁 3 600 人，随从官员 2 000 多人，夫役万人，沿途官员竞相攀比，大肆铺张。

龙王庙行宫建筑群，布局严整，规模宏大，轴线分明，左右对称，气势磅礴，

龙王庙行宫全景

雄伟壮观。整体呈长方形，内外宫墙。中轴线上建筑物主次清晰，错落有致。自南向北，分别为古戏楼、广场、山门、御碑亭、龙王殿、禹王殿。

在第一道院落的中心位置是乾隆皇帝下旨建造的御碑亭，碑亭正中耸立着一块5米高的御碑，碑帽的正面镌刻“圣旨”二字，碑身正面刻有圣旨全文，主要内容记叙了康熙、雍正皇帝建庙的原由和修庙的经过。整个御碑亭的设计，造型大方，凝重端庄，充分显示了皇家建筑的特点、风格以及独有的艺术魅力。在御碑亭的两旁，建有钟、鼓二楼。乾隆皇帝下榻此庙时，撞钟击鼓，两厢奏乐，以最高礼仪恭迎皇帝的驾临。御碑亭的北侧是龙王殿。龙王殿，雕梁画栋，斗拱飞檐，结构严谨，装饰华丽，金碧辉煌，气韵无穷。乾隆皇帝五次下榻龙王庙，均在这里听政议事，敬神祭祖。龙王庙行宫的最后一进院落，是乾隆皇帝的寝宫，也称禹王殿，禹王殿属于宫式大作，屋面饰黄色琉璃筒瓦和龙吻，大殿分上下两层，占地面积360平方米，殿高20多米，是龙王庙行宫内最高的殿宇，人们称为“正宫”。与正宫相呼应的是东宫和西宫，这是随同南下的皇妃们居宿的地方。东西宫门前植有柏、柿、桐、椿、槐、杨六树，取意“百世同春”“百世怀杨”，象征大清江山和中华民族世世代代兴旺不衰。

龙王庙行宫背依大运河，面临废黄河，从南宋建炎二年（1128 年）黄河决口夺淮入海起，这里一直是洪水泛滥之地，清代的康熙、乾隆皇帝多次南巡，最大的事莫过于巡察河工。龙王庙的建造，充分反映了清代帝王祈求神灵庇佑安澜息波的意图。

御碑亭

龙王殿

2. 祠山大帝庙

祠山大帝是长江中下游地区最具有代表性的治水神，祠山信仰是以崇拜和祭祀祠山大帝为中心的民俗信仰活动。其流传地区主要在皖东南、苏南、浙北一带。在信仰保存方面，以江苏高淳最为突出。

相传祠山大帝姓张名渤，字伯奇，为西汉宣帝神爵三年（公元前 59 年）农历二月初八生。其先祖是大禹治水时的助手，他的主要业绩是化身猪龙开凿一条运河，从浙江长兴经南漪湖，直达长江。后因其夫人无意撞破他的变身，导致功业未竟，遁走归隐于安徽广德县横山。由于祠山大帝的主要功绩与治水有关，故被称为“禹后一人”。因功德隆厚，后世遂表广德横山为其祠，故民间称之为祠山大帝、祠山菩萨。

祠山大帝在历代都有封禅，是受到朝廷认可、官方祭祀的神灵。唐玄宗时，因祈雨应验，被封为水部员外郎，南唐时又被封为广德王。南宋嘉泰元年（1201 年），朝廷敕封他为八字真君，俗称祠山大帝。明洪武二十年（1387 年），朱元璋命在南京鸡鸣山设祠山广惠庙，每年二月十八日遣太常寺官祭，为南京十庙之一。江南一带遍立祠山神庙，一般称为张王庙或祠山广惠行庙。

（1）高淳祠山庙会

高淳桠溪镇的祠山祭祀活动鼎盛于民国。民国年间，广德的祠山总会祭祀活动十分隆重，桠溪地区离广德比较近，桠溪的老百姓都赶去烧香跪拜。后征得祠山祖庙同意，于 20 世纪 20 年代，在桠溪镇社寿村建起一座规模较大的祠山庙，于是桠溪一带百姓就地烧香祭祀，村村设祭台祭祀。全县各地及周边地区的人都来赶庙会，多达数万人。解放后庙宇用于办学，祭祀活动停止，但每年农历三月初三桠溪仍有会场。1996 年首次恢复祭祀活动，有 2000 多人的出巡队伍。桠溪有 18 个祠山庙会，分东岳祠山会、南岳祠山会，祭祀时间不同，祭祀的方式，内容大同小异，各具特色。这种祭祀活动一直沿袭至今。

祠山庙会弘扬了张渤的治水精神，激励了青年人热爱家乡，改天换地的斗志。祭祠山活动包容了挑花篮、龙灯、狮子灯、抬阁、龙吟车、打叉、跳五猖、打莲湘、草台戏等民俗活动，集民间表演艺术之大成，对民俗文化研究起到了积极作用。庙会期间，为周边地区的物资交流提供了机会，促进了社会和谐。

（2）溧水祠山大帝祠

该祠位于溧水和凤镇诸家村，东西朝向，祠分两进，南阔三间13.3米进深8.9米，中有天井，属清代建筑。祠山大帝祠第二进有匾额，上书“昭往察来”，内有张渤画像，书“祠山圣帝 佛光普照”字样。

（3）泰州祠山庵

泰州的祠山庵位于城中钟楼巷48号东部，专祀祠山大帝。现存大殿和厢房，大殿面阔五间19.9米，进深七檩7.6米，脊檩高6米，抬梁式架构，用料粗大，明间脊檩、金檩上装饰有花机，金柱下垫有六角形石础，占地面积约440米平方米。

（4）常州河头上塘庙

河头位于金坛东部十余里，名河头，大河尽头的意思，其实就是丹金漕河的一条分支。河头有不少寺庙，共19座，其建筑规模也都相当宏伟，现只剩上塘庙。上塘庙又叫祠山大帝庙，是一古寺，咸丰年间毁于战火，光绪年间重新修复。上塘庙每年农历二月二十三的庙会，都会车船人马，商贩贸易，经久不衰。上塘庙坐北朝南，正殿为七架梁五间，右侧为耳殿，沿正殿中轴线后为左右两侧厢房，气势宏伟。上塘庙在20世纪50年代改作粮库，今已无人使用，保存较好。

淮安镇淮楼

3. 镇淮楼

镇淮楼为砖木结构城楼式单体建筑，位于淮安淮安区的市中心，是古城淮安的地标性建筑。

镇淮楼始建于南宋宝庆二年（1226 年）。明洪武十九年（1386 年）倾圮，永乐十七年（1419 年），督漕总兵官、平江伯陈瑄等重修，作为城中谯楼，击鼓报时，俗称鼓楼。清道光年间，因水患不断，知府周焘将府署内“镇淮楼”匾额移悬于该楼上，后此楼遂改名“镇淮楼”，含有“震慑淮水”之意。镇淮楼因年代久远，受到风雨侵蚀，毁坏侵圮。清光绪七年（1881 年），新上任的淮安知府孙云锦拨巨款对镇淮楼进行了重修，仍保持原有风格，上方以魏碑体书写“镇淮楼”三个径尺大字。

1959 年，当时的淮安县人民政府集资重修镇淮楼，原有形状虽有改变，但仍保持古代宫殿的风格。重修后的镇淮楼，变木结构为砖木结构，改花墙为实墙，东西两边砖梯改为直角条石阶梯，四周皆可登楼。楼宇坐北面南，楼基仍由砖土筑成，东西长 36 米，南北宽 23 米，拱顶高 3.2 米，宽 4.8 米。四周有回廊，回廊宽 1.9 米。东西两侧为拾级而上的方砖踏步。基台上是两层砖木结构的高楼，面阔三间，东西长 6.8 米，南北长 3.4 米，全楼通高 18.5 米。楼顶为重檐青瓦九脊式，歇山顶，四角飞檐顶端镶嵌的四个瓦制龙头玲珑剔透，双目圆睁直视，大口吞云吐雾，似有腾飞之势。整个建筑结构坚实，风格浑厚，造型优美。

4. 清晏园

清晏园是我国治水和漕运史上唯一保存完好的衙署园林，历史上有“江淮第一园”的美称。该园占地 6.7 公顷，距今已近 600 年历史。

康熙十六年（1677 年）安徽巡抚靳辅被提拔为河道总督，康熙十七年（1678 年）靳辅移驻清江浦，在原明朝户部分司公署遗址“凿池植树，以为行馆”，名“淮园”。清晏园由此成为清代国家在京城以外专设的治河决策、指挥和管理的最高机构所在。

清雍正七年（1729 年），正式分设江南河道总督驻清江浦，负责江苏河道的疏浚及堤防。乾隆十五年（1750 年），时任江南河道总督的高斌，为迎接乾隆皇帝第一次南巡，特地在清晏园中荷花池北岸建了“荷芳书院”，并请

清晏园全景

著名书画家蒋衡题横匾，悬于大堂。

嘉庆五年(1800年)，当时河道总督吴璥，看到据康熙帝亲书的“澹泊宁静”碑时心有所动，将园子改名为澹园。道光十三年（1833）河督麟庆对清晏园进行了较大规模的整修改造。咸丰十一年（1861年），清政府裁河道总督，由漕运总督兼理河务，迁驻清宴园。光绪29年（1903年），漕运总督要“移节沆中”，于其将去而来也，将清晏园易名为“留园”意为“用以留示后之览者”。光绪三十年(1904年)，裁漕督，总督署改为江北巡抚署。光绪三十一年(1905年)又改设江北提督于此。此后几经变故，甚至历经战火洗礼，清晏园面目全非，“唯存荷芳书院”。公园名称也多次变更。

民国时期，淮安人李兰轩集资修园，命名为“城南公园”。1945年，苏皖边区政府为纪念“四八”烈士，将这所园林命名为“叶挺公园”。1948年，

清晏园 湖心湛亭

复名为“城南公园”。1983年9月，淮阴市园林管理处提出了《修复城南公园（清晏园）规划设想》。1991年4月28日，淮阴市建设委员会同意“城南公园”易名为“清晏园”。

1990年以来，园林部门在园中建立碑廊，将数十方有关水利内容的碑镶嵌其中，并重新树立“乾隆御制碑”亭。清晏园内现存古碑刻17块，主要为清康熙、乾隆皇帝赐给当时淮安的河道总督的，表示对他们治水有功的赞赏。御碑亭中的“澹泊宁静”御碑，是康熙皇帝在康熙十四年（1675年）赐给河督张鹏翮的，另有5块御碑是乾隆皇帝赐给高斌的，1块是乾隆皇帝赐给白钟山的，1块碑文为“底绩宣勤”的御碑是乾隆二十五年（1760年）赐江南河道总督高晋的。这些碑刻为漕运史的研究提供了不可多得的实物史料。

5. 清江浦楼

清江浦楼建于清雍正七年（1729 年）。明清时期，清江浦楼屹立于里运河畔，素有“七省咽喉，京师孔道，南船北马，五河要津”之称，南来北往的船只，皆以清江浦楼为方向标记。清江浦楼虽然体量不大，但却是清江浦地名的标志。

历史上，清江浦曾多次被黄河浊流倒灌。清康熙、乾隆帝南巡，几乎每次都视察清江浦楼，察看清江浦一带河防。清咸丰五年（1855 年）黄河北移后，海运大开，漕运大衰，此后清江浦重要地位逐渐削弱。20 世纪 50 年代末，中央为提高苏北京杭运河的通航标准，进行疏浚，为了减少拆迁、保护清江大闸、便利施工、扩大城市发展等原因，对老清江浦河段进行了改道。改革开放以来，政府以清江浦河为半径，着力打造运河文化长廊，新建了清江浦楼。

原清江浦楼楼高两层，青砖灰瓦，飞檐斗拱，嵌以黄绿琉璃瓦，饰双龙戏珠，色彩绚丽。底层为砖砌东西拱门通道，门宽 2.4 米，高 2.1 米，通道东西两边门顶各嵌石匾一块，中间横刻“清江浦”三个大字，上面竖写“雍正己酉岁孟秋吉旦”“道光甲申仲秋吉旦”，下首竖写“管理山清里河督捕理事分府下□重建”“钦加府衔山清里河理事分府张栋□重建”，是确定清江浦的历史和研究清江浦社会活动经历的珍贵的实物资料，现保护良好。

新清江浦楼

老清江浦楼

太湖水利同知署

6. 太湖水利同知署

清雍正八年（1730 年），朝廷特设太湖水利同知署，是隶属苏州府的“专司（太湖）水利”官衙，驻吴江县同里镇，管辖范围为江浙沿湖十县的水利事务。

太湖水利同知署俗称同知衙门，为苏州知府的副职，正五品。清雍正十三年（1735 年），太湖水利同知署改为抚民厅，移驻吴县洞庭东山，割吴县东山设太湖厅。太湖水利同知署在同里镇存在时间共 6 年左右。

太湖水利同知署旧址，位于吴江同里镇太平桥北堍东侧，是目前太湖流域唯一保存较好的古代水利衙门。据史料记载，同知衙门所用房屋始建于康熙三十九年（1700 年），占地 17 亩 8 分，建筑面积 2 428 平方米，房屋 7 进，大门宽 7 间，内里宽 17 开间，东西备弄，后为花园，房屋共 91 间。主人陈沂震是康熙年间的进士。雍正初年，陈家卷入政事被抄家。雍正八年（1730 年）同里设太湖水利同知署，看中陈家旧宅，便改建成同知衙门。乾隆元年（1736 年），同知项喻将太湖水利同知署移驻吴县洞庭东山，遂将该建筑改为民居。同里诸生王铨以 3 000 两纹银购得此宅用于居住，取堂名为“敬仪堂”。咸丰十年（1860 年），同里陷于太平军，此宅被太平军忠王李秀成之弟李明成部驻扎。同治二年（1863 年）6 月太平军溃退后，王家搬回入住。

太湖同知署建筑群的建筑布局、结构体系、装饰特色、地方做法等，体现了同里传统建筑发展的典型手法。同时，太湖同知署旧址作为承载太湖水利疏浚史与同知衙署类建筑之双重历史信息的特殊载体，是太湖治水发展历史中的重要节点和实证。

7. 黄楼

黄楼是宋代苏轼任徐州知州时为纪念抗御洪水而留下的遗迹，故址坐落于徐州古黄河南岸大堤上。

北宋熙宁十年（1077 年），苏轼任徐州知州，当年的七月十七日，黄河在澶渊（今河南濮阳县附近）一带决口，泛入梁山泊，流溢南清河（泗水），八月二十一日，洪水冲到徐州城下，深达二丈八尺，水不断上涨不久就要泄进城里，城墙即将被冲毁，民心惶惶，争着出城避水。苏轼面临危险混乱的局面，挺身而出，亲临武卫营，敦促禁军协助守城。同时，苏轼亲自住到城上，指派官吏分堵，又调来岁夫增修徐州城，防备洪水再犯，十月中旬，洪水逐渐消退，徐州城终于保全。为了纪念抗洪斗争的胜利，苏轼在徐州城东门之上建大楼，用黄土涂饰墙面，取名黄楼。元丰元年（1078 年）重阳节，苏轼在黄楼上宴客赋诗，祝黄楼落成。黄楼初建时，苏轼胞弟苏辙和秦观分别写了一篇《黄楼

黄楼

赋》，陈师道写了《黄楼铭》。苏辙所作的《黄楼赋》碑由苏轼亲笔书写，毕仲询篆额。后苏轼卷入王安石的变法斗争，屡受宋王朝的贬谪，黄楼和《黄楼赋》碑也历经劫难，崇宁元年（1102 年），宋徽宗用蔡京为相，定苏轼为“元佑奸党”，派人到徐州拆楼毁碑。徐州人民深切怀念苏轼在徐州的政绩，保护黄楼改称“观风楼”，将石碑藏入泗水。此后，一个姓苗的徐州地方官派人将石碑捞出，拓印若干份，然后将碑砸碎，高价出售拓本，以牟取暴利。金、元年间，徐州人民又根据拓本重新摹刻立碑，保存到现在。《黄楼赋》碑呈长方形四面有字，宽 0.82 米，高 2 米多，原存永康路黄楼旧址附近一个居民家中，现已移立于重建的黄楼底层。

黄楼建成后，历代多次修葺。清顺治、康熙、道光、同治年间曾四次整修，以后因年久颓圮。中华人民共和国成立后，于20世纪50年代拆除，1986年重建。重建的黄楼高约 18 米，三层，黄琉璃筒瓦，屹立于黄河带状公园中，为徐州这座历史文化名城增添异彩。

8. 冯道立故居

冯道立故居位于江苏省东台市时堰镇道立路西侧，占地面积 624 平方米，为冯氏出生地和长期生活之处。1993 年、1995 年东台市人民政府两次拨专款修复。故居按原貌修缮后，保持了清代的建筑风格，青砖小瓦，木刻门窗，雕花砖饰，古色古香。

故居坐北朝南，内有六架梁正屋三间，内无中柱，四周装有壁板。中间格扇为六扇门，次间为八扇窗格，下为雨墙. 共有台阶三级，是清朝中期江苏里下河地区典型的建筑风格。屋内陈设仿明清民居陈设。故居内陈列《冯道立生平业绩展》，介绍了冯道立毕生为民治水的事迹，还有冯道立当年的一些手稿以及当年读书用的方桌、书箧、著作刻板和诰命箱等文物。此外，清道光十六年 (1836 年) 冯道立倡建的“务本堂水龙会所”的三架水龙亦陈列在室内，它是冯道立先生生前倡建的民间消防设施，也是江苏省内唯一的古消防安全设施。故居砖屏上，刻有冯道立先生的画像，画像两侧，为清代大思想家魏源当年访问冯道立先生时题的一副对联。联曰：绘郑檀之图，一卷中已饥已溺；熏阳城之化，数千家毋讼毋嚣。故居的东南角有一块空地，这里曾建有一座砖砌的天文台，冯道立夜夜都在这里观察天象。

冯道立故居是江苏省文物保护单位，盐城市爱国主义教育基地，1995 年 8 月被国家文物局收入《中国博物馆志》。

九、镇水神兽

镇水神兽

清代，江苏境内的黄河、淮河、运河水患严重，曾以为有鬼神作怪，而铸铁犀镇水怪。由于犀像牛，因此又把铁犀称为铁犀。康熙时，专门管理运河的淮扬道傅泽洪在他编撰的《行水金鉴》中对其中的13座铁犀分置各险工地段作了记载，包括：黄河徐州郭家堡、邳州戚家堡、清口下家汪和新大墩及老坝口至洪福庄、安东（今涟水）便益门和马家桥、邵伯更楼。

另外，在南京高淳，还有一种不为人知的镇水铁兽——“爬虾虫”，还有人叫它“虾爬虫”“铁蝎”。

马棚湾铁犀

1. 镇水铁犀

铁犀牛被认为是镇水神兽，铸造工艺精湛，形象生动，犹如真牛，“魁形巨首，垂耳抱角”，憨态可掬，具有一定的艺术和文化价值，是运河祭祀文化的物质见证。

清康熙八年（1669 年）夏秋，黄河、淮河发大水，高家堰失守。康熙四十年（1701 年），河道总督张鹏翮希望用镇水神兽保障高家堰永固，他认为“物可以小制大，蛟龙怕铁”“蛟龙鼓浪漂山，瞬息百变，宜有制止也”，于是决定在洪泽湖高良涧用铁铸犀镇水。当年五月五日这一天开铸，至农历九月九日重阳结束共铸 16 具，每具重约四五千斤。16 只镇水犀被分置高家堰和黄、淮、运等河工险要地段，藉以镇堤防浪。

淮安高堰铁犀

淮安高堰铁犀铭文

今天，江苏境内的镇水铁犀仅存7具，其中高堰铁犀1具、高良涧铁犀2具、三河铁犀2具、邵伯铁犀1具、马棚湾铁犀1具。高堰镇水铁犀位于江苏省淮安市淮阴区赵集镇高堰村，东临二河，西为洪泽湖大堤，现仍然立于当年洪泽湖大堤高家堰段的险工之上，是现存七具铁犀中唯一没有挪动过位置的一尊。高堰铁犀长1.73米，宽0.83米，高0.81米，昂首屈膝伏卧在宽0.83米，厚0.07米的铁板底座上。铁犀与底座连成一体，总重2 400公斤。铁犀肩部有铭文曰："维金克木蛟龙藏，维土制水龟蛇降。铸犀作镇奠淮扬，永除昏垫报吾皇。"铭文后有说明文字："康熙辛巳年午日铸，监造官王国用。"高家堰大堤是洪泽湖大堤的北部，在整条大堤中地势最低、建成最早、历时最长，损坏次数最多，花费帝王、河臣的精力和经费也最多。治河大臣们在修建好石工墙之后，采用五行相克的原理，将一具镇水铁犀放置此处，期望镇水犀能够镇堤防浪，永保太平。

邵伯铁犀位于邵伯镇里运河东岸，是保存比较完好的一只，陈于斗野亭内。铁犀长1.98米，高1.10米，重约2吨，腹空，横卧在厚约10公分的铁座上，铸工精细，造型生动。

邵伯铁犀

高邮马棚湾铁犀，放置在马棚湾运河险段上。宋、明时期清水潭因经常决口，造成了里下河地区严重水灾，清康熙十七年（1678 年）河道总督靳辅为解决清水潭决口屡堵屡冲的困境，采取了在潭西绕一个大弯子筑堤的方法，从而封堵了决口，形成了今天的马棚湾。马棚湾铁犀长 1.7 米，宽 0.78 米，通高 0.8 米，重约 1.5 吨。犀为伏卧状，头微昂，偏向右方，怒目圆睁，大有翘首茫茫湖天，欲吞万顷波涛之势。部分铭文已不清，只左侧“监造官王国用”清晰可辨。

高淳爬虾虫

2. 高淳爬虾虫

爬虾虫是多种动物形象组合起来的一种图腾，不仅反映古代镇水的朴素信仰，还包含一定科学道理。

1989 年，高淳在拆除胥河上明代“下坝”旧址时，在坝内下的土层里发现一个石龛，内有一只黑黝黝的铁质四不像怪物。据高淳文物专家濮阳康京介绍，这样的镇水神兽，高淳应该有 4 只。1958 年在拆除下坝上游 5 公里的东坝时，工人们在坝底地基发现了多个石函，其中两个石函嵌在大坝的两壁内，距离大坝底部约 9 米，分别藏有两只爬虾虫。在大坝底部的地基下，还有一个大石函，里面是一只呈卧姿的大铁犀。遗憾的是，1958 年正逢大炼钢铁，铁质的大铁犀和爬虾虫都没能逃脱厄运。

和铁犀不一样，爬虾虫是多种动物形象组合起来的一种图腾。它的形象是蜻蜓幼虫、蝎子、虾、独角仙等动物的组合体，且只在高淳被发现过，可谓高

高淳铁犀

淳地区独一无二的水利文物。据高淳一些老人称，爬虾虫是蛟的克星，专门对付能够兴风作浪的“蛟”——也就是洪水。因此，古人把它放在大坝两壁离地9～10米处不是没有道理的，因为这个位置，正是胥溪河水位到达洪水位置的“警戒线”。可见爬虾虫的作用不仅仅是反映了“镇水”的迷信内容，它还包含一定科学道理，表达了古代人对治水的朴素认知。

十、水利碑刻

水利碑刻

水利碑刻是反映江苏区域内历史上关于水患灾害、河道治理的第一手资料，这些碑刻不仅是重要的历史文物，而且从不同的侧面反映了江苏历史上的河道、水情、洪水、灾害、治理以及交通、航运、水政等方方面面。

1. 镇江《禹迹图》

镇江焦山碑林中有一块宋代《禹迹图》碑，该图反映了宋代中国的全貌，其中对水系的刻绘尤为详细。

镇江《禹迹图》图碑的图名处刻有“元符三年正月依长安本刊”，图西南角刻有“绍兴十二年十一月十五日左迪功郎充镇江府府学教授俞重校立石”。这说明镇江《禹迹图》碑是北宋元符三年按长安（今西安）《禹迹图》碑拓片刊刻。该图字迹、线划均较粗犷。今天，在西安碑林中也有一块大小相近的《禹迹图》碑石，图名处刻有“阜昌七年四月刻石”。西安《禹迹图》海洋部分留白，镇江《禹迹图》海洋部分则刻有水波纹。

我国古代绘制舆图的“制图六体”理论最早是由晋朝的裴秀创立，即编制地图时应遵循的六条原则，分别是分率、准望、道里、高下、方邪、迂直。他采用的计里画方方法影响了我国从西晋到明末绘制地图的格局，唐、宋时期，舆图在制图六体的基础上达到了一个新的高度，最有代表性的是现存于西安碑林和镇江焦山碑林的《禹迹图》。《禹迹图》上画有棋盘样纵横的网格，是我

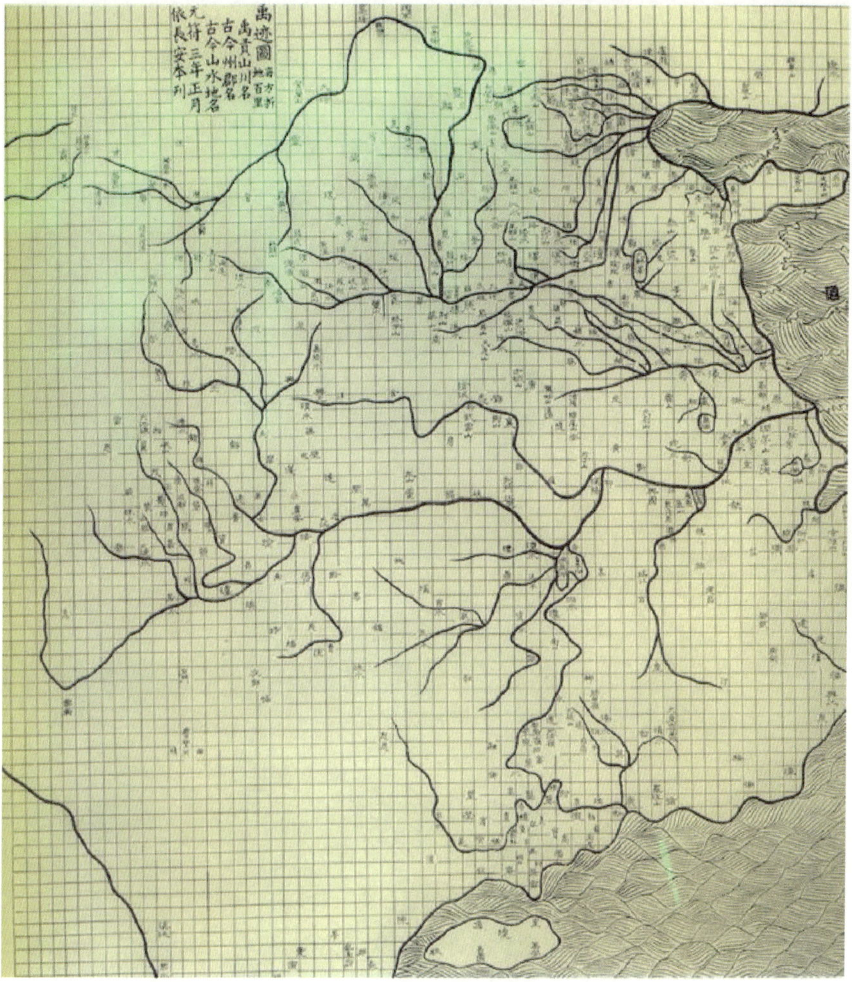

镇江《禹迹图》墨线图

国发现现存最早的采用“计里画方”的地图，图上方刻有“每方折地百里”字样，即每一方格的边长折合距离为一百里。图中着重表示了水系，各条河流的位置和形状，湖泊的位置和海岸线的轮廓，都和现代地图非常接近，可见，这幅舆图所绘地理环境完全依据实际测量。

镇江《禹迹图》西南角还有“天启六年春掘地得此八宝王好察识冯遂集”题刻，说明镇江《禹迹图》碑曾湮没于地下，在明天启六年（1626 年）时才重新出土。镇江《禹迹图》比例尺约为 1：4 200 000，图的方位均是上北下南，图面所表示的实际范围，东至黄海岸边，南至海南岛，西至祁连山、北至黄河北沿。图内以符号和文字配合，图上标绘了 500 多个地理名称，其中山名 50 多个，州郡名 360 多个，河、湖及其它地名 100 多个。该图反映了宋代中国的全貌，其中对水系的刻绘尤为详细。英国著名科学家李约瑟在他的著作《中国科学技术史》中称赞“《禹迹图》在当时是世界上最杰出的地图”。

2. 吴江水则碑

水则，是中国古代的水尺。水则碑是刻在石碑上的标尺，古代称刻划（道）为则，把碑竖置水涯，用以标志水位的高低或涨落，预防洪涝灾害。

明清以前垂虹桥是太湖的主要出水口，下接吴淞江，水则碑就设于垂虹桥，所测得的水位对太湖及湖东地区具有代表性。吴江水则碑有二块，分嵌于垂虹亭北边桥墩的左（东）、右（西）踏步的墩墙上。右侧一座为直道水则碑，可以记载一年内（各月、各旬）的水位变化，左侧一座为横道水则碑，可以记载各年的水位变化，如果某年洪水位特别高，即于本则刻曰：某年水至此。该水则上刻写的最早年代为南宋绍熙五年（1194 年）。可见，宋代为统计汛期农田被淹面积，已建立了水位观测制度，这也是我国观测水位直接为农业生产服务的最早记载。

据沈启《吴江水考·水则考》记载，“横道水则石碑，长七尺有奇（七尺相当于 1.82 米左右），树垂虹亭北之左。碑面刻横道七条，每条条为一则，以下一则为平水之衡。水在一则，高低田都不淹；水过二则，极低田淹；过三则稍低田淹；过四则，下中田淹；过五则，上中田淹；过六则，稍高田淹；过七则极高田淹。若某年水至某则为灾，就记某年洪水痕至此。”经研究论证，认为七则所代表的水位高程为 4.48 ～ 4.93 米，六则的高程为 4.23 ～ 4.48 米，

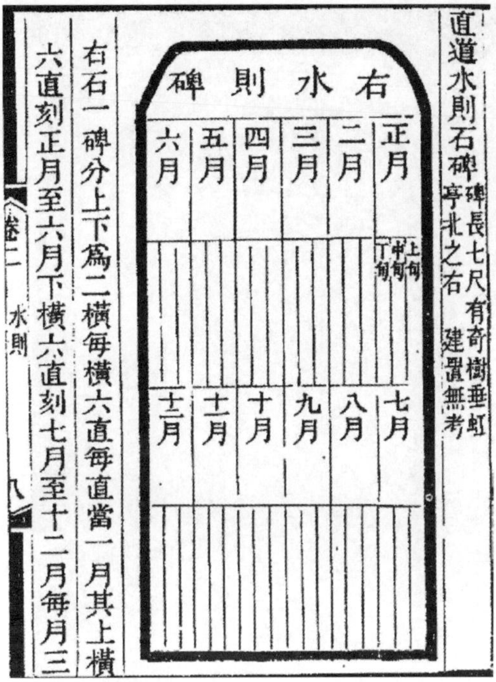
直道水則石碑 碑長七尺有奇樹垂虹亭北之右 建置無考

右水則碑

正月 二月 三月 四月 五月 六月

上旬 中旬 下旬

七月 八月 九月 十月 十一月 十二月

右石一碑分上下爲二横每横六直每直當一月其上横
六直刻正月至六月下横六直刻七月至十二月每月三

卷二 水則 八

吴江右水则碑（《吴江水考》）

五则高程为 3.98 ～ 4.23 米，四则高程为 3.73 ～ 3.98 米，因此左碑是洪水水痕的记录碑。官吏可据以估计农田被淹范围和面积，作为减免田赋的依据。可见宋代为了统计汛期农田被淹情况，已经建立了水位观测制度，这是我国历史最早记载直接为农业生产服务的“水位站”。

1964 年 6 月，水利电力部上海勘测设计院会同上海博物馆调查时，两块水则碑尚在，1970 年垂虹桥倒塌后清理航道时，两块水则碑作为废石，被搬得不知去向。后来吴江县文管部门多方寻觅，始终没有找到。现在苏州市碑刻博物馆保存的一块水则碑，是清光绪二年(1876 年)仿照吴江横道水则碑刻制的。这块碑原立于苏州市胥门外接官亭（面对胥江），目前移放于博物馆内的。

淮安清口灵运记碑

3. 淮安清口灵运记碑

淮安清口灵运记碑是记录清口一带治水和漕运的石碑，对研究黄、淮交汇之清口的航道变迁、水流水量等有重要价值。

淮安清口灵运记碑位于淮阴区码头镇码头村，2009 年被淮阴区人民政府公布为县级文物保护单位。

清口在明清时期为黄淮襟要、漕运锁钥，因此，在清口一带原有许多与治水和漕运有关的石刻、铸造，现所剩无几，清口灵运记碑是其中保存较好、价值较高的一块。该碑立于明天启六年（1626 年），青石质，碑额联体，上部

清口灵运记碑保护亭

为半圆形。碑高 2.20 米，宽 1.70 米，厚 0.21 米。碑阳文字计 21 行，满行 36 字，共 583 字，为总督漕运提督军务巡抚凤阳等处、户部尚书苏茂相（福建晋江人）所赋的两首诗；碑阴计 24 行，满行 37 字，共 277 字，是从祈人员官衔、名讳，皆由苏茂相撰文并书。碑文大意为：国家每年由清口转输数百万漕粮，当时南旱北雨，黄强淮弱，河水倒泄清江浦，泥沙淤浅，运道一泓如线，虽数百人每天也不能挽出十艘漕船，茂相大以为恐。有人说金龙四大王最灵，就派遣官员礼祀之。当夜水增一尺，翌日复增二尺。苏茂相等认为河神确有灵验，因此率文武将吏 34 人到金龙四大王及张将军神祠躬身祈祷。

如今，金龙四大王及张将军神祠早已消失得一点痕迹都没有了，清口灵运记碑也曾经作为桥板被行人踩踏多年，所幸的是在拆桥时被有识之士发现，得以保存至今。但因年久失修、碑刻表面风化、开裂严重，少数碑文模糊难辨。2013 年初，有关部门将此碑移到洪泽湖大堤零公里处，并建造了保护亭。

清口灵运记碑对研究黄、淮交汇之清口的航道变迁、水流水量和明代淮阴的建制、官员设置有重要价值。

4. 云梯关碑

云梯关，是淮河下游历史上的一个重要海口关防，是历代海防重镇、交通要道，险要河防、宗教圣地和商贸集散地，有“东南沿海第一关”“江淮平原第一关”之美誉，位于古淮河（废黄河）北岸今响水县黄圩乡云梯村。

云梯关始建何时，未见确实记载，尚待考定。清代河督靳辅在“开辟河口”一书中说：“云梯关者，不知起自何时，乃黄、淮二渎所由入海者也。往时，关外即海。”庙湾（今阜城镇）志载宋、元时“关当淮河之口，以后沙滩束涨，有土套十余，形若云梯，故以名云梯关”。看来，云梯关是以地貌特征来命名的，时间在宋代或稍后一点。到了明中叶，为防倭寇从海上入侵，在云梯海口筑土城五座，设关戍守，因名为“云梯关”。明弘治八年（1495 年），因阳武决口形成的黄河全河入淮，至万历十九年（1591 年）的近百年间，云梯关以下沙滩向东延伸至滨海县十套附近。清代，黄河溃泛频仍，泥沙大量东泄淤滩，云梯关虽名为海口，实是内陆。清代龚自珍在《咏史》中描述“云梯关外茫茫路，一夜吟魂万里愁”，可见当时云梯关已距海已经相当远了，而这也正是黄河夺淮后，从此入海的泥沙淤积造成的，就这样，云梯关成了黄河夺淮，引起淮河下游不断淤积的历史见证，在我国水利史上占有特殊的地位。

清嘉庆二十四年（1819 年），礼部尚书马慧裕书“古云梯关”四个大字，江苏省淮安府山安河务同知师兆龙立石于废黄河左侧古云梯关遗址处。云梯关 20 世纪 40 年代毁于战火。民国三十二年（1943 年）日寇侵华，把云梯关的建筑和周围树木全部平毁，现仅存“古云梯关”四字石碑一块，碑高 2.40 米，宽 1.10 米，立于废黄河北岸，保存尚好，字体仍清晰可见。1987 年，当地政府修建了护碑亭，将这块“古云梯关”石碑重新树立了起来。

古云梯关碑

5. 吕梁洪“三绝碑”

吕梁洪碑记录了明代管河官员治水的过程及功绩，为仅存的大运河徐州段档案文献的珍贵实物之一，现存徐州市吕梁洪以北铜山县的凤冠山山顶。

古泗水流经徐州，受山谷钳制，形成秦梁洪、百步洪（即徐州洪）、吕梁洪3处激流，为南北漕运的险要所在。吕梁洪在徐州东南60里，“巨石齿列，波流汹涌”，《列子》《庄子》均有孔子观于吕梁的记载“悬水三十仞，流沫四十里，鼋鼍鱼鳖之所不能游也”。由于漕船行经吕梁洪经常有翻船的危险，历代曾多次凿治。到了明代，泗水为黄河侵夺，吕梁洪亦成为南北漕运要冲，工部在此设吕梁洪分司，屡次疏理，但仍湍险如故。明嘉靖二十三年（1544年）管河主事陈洪范主持凿平，自此以后，河流畅利，“道运益便”。为记述吕梁洪这次关键性的凿治，徐阶撰写了一篇《疏凿吕梁洪记》，记叙了吕梁洪的形势和陈洪范的政绩：“国家漕东南之粟，贮之京庾，为石至四百万，其道涉江乱淮，遡二洪而北，又沿卫以入白，然后达于京师。为里三千而遥，而莫险于二洪。二洪之石，其狞且利，如剑戟之相向，虎豹象狮之相攫。犬牙交而蛇蚓蟠，舟不戒辄败，而莫甚于吕梁。吏或议凿之，其旁之人曰，‘是鬼神之所护也’，则逡巡而不敢。嘉靖甲辰都水主事陈君往莅其事，恻然言曰：‘古之君子，苟利于民，则捐身为之。矧里巷之浮言，其不足听，……’遂以二月二十六日率其徒凿焉……阅三日，怪石尽去，舟之行者如出坦途。”

《疏凿吕梁洪记》碑文由文徵明书写，韩邦奇篆额。徐阶是明嘉靖进士，当时任吏部侍郎，后任首辅；韩邦奇曾总理河道，任刑部侍郎；文徵明是明代著名书画家、“吴中四才子”之一，曾任翰林院待诏，擅长工行草书，尤精小楷，写这块碑文时年已75岁。由于吕梁洪碑文字流畅生动，篆额古朴雅致，书法挺健秀美，被人们称为“三绝碑”。

6. 高家堰接筑堤工碑

高家堰接筑堤工碑上刻有清乾隆皇帝三次南巡亲阅高家堰堤诗三首，位于淮安市淮阴区赵集镇高堰村二河渡口南 200 余米处。

该碑青石质，方首，须弥座，通高2.5米、宽0.86米、厚0.35米，碑阳共6行，满行 17 字，行书体。碑阴文 5 行，满行 14 字，行书体。石碑上刻清乾隆皇帝三次南巡亲阅高家堰堤诗三首。碑侧文 4 行，满行 32 字，行书体，为乾隆皇帝御笔。

正面诗：

皇考重河防，神谟定庙堂。

帑金颁太府，高堰卫维扬。

济运南输北，安流清汇黄。

申咨惟善守，千载固苞桑。

——乾隆辛未 [乾隆十六年（1751 年）] 春阅高堰工有作。

碑左侧的诗：

砖工不若石工坚，改筑曾教庚子年。

培厚加高一律巩，卫民代赈两谋全。

亦云救敝补偏耳，恒念有孚勿问焉。

固堰可重堤不可，当年圣训实昭然。

——《阅接筑高堰堤工成什》，甲辰 [乾隆四十九年（1784 年）] 春闰月中浣御笔。

背面诗：

一律砖工运口连，崇墉凭阅实牢坚。

蒇功即在回巡后，防患要于未事前。

平日原常见渚出，汛时云每到堤边。

高家堰接筑堤工碑

虽然清口筹疏瀹，南望夏秋心总悬。

——乙酉[乾隆三十六年(1765年)]暮春月中浣《阅接筑高堰堤工诗以纪事》御笔。

此碑在乾隆《南巡盛典》中载："高堰石堤为洪泽湖屏障，而武家墩迤北以工缓未修，癸酉秋涨，危而复安，因命筑以砖工二千余丈，俾资捍御。壬午该督于回銮后鸠工修筑，亲临示宜，复命自砖工止处，一律接筑属于运口，兹临阅视坚壁屹然延亘，益觉缓急可恃。迩年未遇霖潦，湖水未致侵溢，然伏秋拍堤之水究在，随时宣泄得宜，斯则河臣应加之意，而不能一刻释诸怀者。"高堰接筑堤工碑是清代治河、导淮、济运的重要历史见证，对研究清代河务、漕运和黄河水患及水利工程等都有重要意义。

7. 三河闸历代石刻遗存

三河闸历代石刻遗存，内容多与洪泽湖大堤相关，是三河闸管理处在历年对大堤维修工程中集聚而成。共有石刻 32 块，其中文字碑刻 13 块、图案石刻 19 块。

石刻遗存中有新筑草子河堤碑、黄罡寺碑、林家西滚坝记碑、蒋翟坝茶庵碑、重修耿公祠碑、礼坝补建施工碑、智坝记事碑、乾隆南巡诗碑、信坝加固碑、五里牌龙亭碑、永保群众利益碑、“一统万年”石刻、分堂刻“连升三级”石刻、“安澜风定”石刻及部分图案石刻。

新筑草子河堤碑

（1）新筑草子河堤碑

明万历二十二年（1594 年）制，现为半截残碑，高 1.9 米、宽 1.22 米、厚 0.26 米，碑文楷体竖写，满行现存 39 字，共 15 行。碑文记述当年在越城新筑草子河堤和具体管理规定及工程的耗资记录。碑原出土于洪泽县高良涧镇越城村。据调查该碑的下半截现掩埋在越城小学院内。

（2）黄罡寺碑

清道光十八年（1838 年）制，江南河道总督麟庆记并书，横式，碑长 1.15 米，宽 0.40 米、厚 0.18 米，碑文楷书竖写，满行 15 字，计 54 行。碑中记述道光四年（1824 年）冬，重修水府都君祠并黄罡寺记及修复湖决高堰十三堡及周桥息浪庵一带堤防及复堤工程的情况。

（3）林家西滚坝记碑

清康熙四十三年（1704 年）制，碑横式，长 1.2 米、宽 0.5 米、厚 0.2 米，碑文楷书竖写，满行 20 字，51 行，计 1 千余字，内容详细，记述了修筑林家西坝石工堤所耗费人力、物力、财力的情况。

（4）蒋翟坝茶庵碑

清道光六年（1826年）制，碑高1.2米、宽0.57米、厚0.20米，碑文竖写，满行40字，计11行。碑文记述："特授安徽直隶泗洲盱眙县正堂加十级记录十次记大功五次等"。碑原在蒋坝镇茶庵，"文革"时被移于现址。

（5）重修耿公祠碑

清道光二十二年（1842年）立，碑方首抹角，方座。碑高1.4米、宽0.71米、厚0.12米。碑文楷书竖写，满行45字，计13行，记述了南宋东平郡耿七公（敕封为康泽侯），为航行于老三河的行船设航标的事迹及重建祠堂的内容。

（6）礼坝补建施工碑

清康熙年制，横式，碑长1.17米、宽0.4米、厚0.38米，碑文楷书竖写，满行8字，计9行，记录了礼坝补建石工工程情况。该碑左边缺失一角，使两行文字丢失，其他保存尚好。

（7）智坝记事碑

清乾隆十六年（1751年）立，石质青白。碑高1.6米、阔0.86米、厚0.21米。碑文楷书竖写，满行30字，计15行，内容记载了建造智坝工程情况。

（8）乾隆南巡诗碑

此碑三面镌刻有乾隆十六年（1751年）第一次南巡、1765年第四次南巡、1784年第六次南巡时所作的有关黄河、运河及洪泽湖大堤工程诗三首，均为御笔，分三次刻录。碑身高2.0米、宽0.80米、厚0.35米。碑原在淮阴区码头镇。

（9）信坝加固碑

清嘉庆十九年（1814年），碑长1.15米，宽0.45米，厚0.41米，石质泛白，石面凿长0.65米、宽0.38米字堂，堂内横排竖写加固信坝的工程记录碑文七行，满行九字，并有勒石人款。内容为："前徐州府，丰北通判，沈如镕分办信字滚坝南首石底并增估大石簸箕。

智坝记事碑

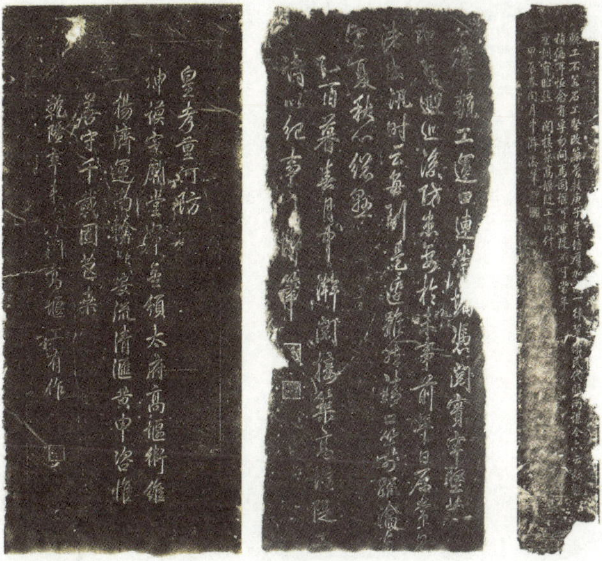

乾隆南巡诗碑

嘉庆十九仲春吉旦。”

（10）五里牌龙亭碑

清乾隆十六年（1751 年）制，并设“龙亭”。碑体由三部分组成，原碑额满雕双龙图案，“文革”时被改刻成“日出海水”图案，宽 1.24 米、高 0.80 米、厚 0.45 米。碑座现被砌嵌在长 2.5 米、宽 1.5 米、厚 0.80 米的条石底座内。碑身高 2.5 米、宽 1.12 米、厚 0.35 米。碑文行书竖写，满行 30 字，计 9 行。碑文详述五座减水坝的作用及宣泄程序。该碑于 1968 年被錾平，改刻毛泽东书写的“一定要把淮河修好”，并重竖于现在的周桥船坞边。1976 年在防汛工程中，在龙亭遗址处又出土一块断碑（二截），其内容、形制、尺寸与原碑完全相同。

五里牌龙亭碑

（11）永保群众利益碑

1945 年 8 月抗日战争时期，为纪念苏皖解放区淮宝县人民政府领导军民一边抗日，一边抢修黄罡寺险工段大堤时所刻的工程纪念碑，镶嵌在修后的石工墙上。碑长 1.62 米，宽 0.72 米，厚 0.31 米，碑文楷书右起横刻“永保群众利益碑”六字，落款为当时县长方源。

（12）“一统万年”石

长 0.8 米，宽 0.31 米，厚 0.31 米，玄武岩石质。石面剔凿两字堂，上部字堂为长 0.20 米、高 0.08 米左右，横刻“一统万年”四字，下部刻字堂高 0.58 米、宽 0.24 米，竖刻“湖平工稳”四字，字体皆为诸体。石刻遗存中的图案及石刻内容多为保堤永固的吉祥图案。

永保群众利益碑

白公堤石幢

8. 白公堤石幢

白公堤为唐代诗人白居易出任苏州刺史时所筑，位于苏州阊门外，傍山塘河，长约七市里，又号称七里山塘。

白公堤即虎丘山塘街，后人为纪念白居易，又称山塘街为白公堤。明万历三十九年（1611 年），白公堤因年久失修，多处被水冲塌。木铃和尚发愿募化修堤，精诚所至，苏州官绅士商千余人捐资助修。大功告成后，范允临、王稚登各写了一篇《重修白公堤记》，分别勒石立于青山、绿水二桥之间，前者为碑，后者为幢。时隔多个世纪，如今碑已下落不明，而幢则于多年前文物调查中被重新发现，后迁移到五人墓旁，建亭保护。石幢为方柱形，俗称方碑，正面镌重修记碑文，背面刻大势至菩萨和捐助修堤的千余人姓名，左侧刻寒山拾得，右侧刻五百罗汉，幢顶也雕有佛像，基座则雕饰须弥山。此幢造型独特，雕刻精美，内容丰富，撰文、书写、绘画的又都是当时的吴中名士，因此称得上是一件珍贵的明代文物，也是关于白公堤历史的重要遗迹。

十一、水文站

水文站

水文站，是指按照近代水文科学知识布置的水文测站，用于进行水文观测。江苏的觅渡桥水文站、镇江潮水站均为清末设置，并延续至今，留下了大量历史水文资料。

1. 苏州觅渡桥水文站

觅渡桥水文站是苏州最早的近代水文观测站，始建于清代，并一直延续至今，积累了数万组大运河水文资料。

清光绪二十六年（1900年），苏州海关在觅渡桥北设置水尺，用于测量水位，成立吴县水标站，水标站为三层塔式，这是苏州地区最早的水标站，位于在苏州城外东南隅，古运河与环城河汇流处的觅渡桥北。民国九年（1920年）10月，吴县水标站由督办苏浙太湖水利工程局接办。民国十六年（1927年）5月，水文测站隶属太湖流域水利工程处管理。抗战期间，观测停止。民国三十五年（1946年），扬子江水利委员会设立吴县水文站，负责管理苏南各级水文测站。民国三十八年（1949年）5月，吴县水文站由苏州行政公署建设处接管，改名苏州水文站。1975年，在觅渡桥北侧新建一座斜跨古运河的公路桥，水文站因在东引桥处，而被迫拆除。2003年，公路桥因改道拆除。2004年，江苏省水文水资源勘测局苏州分局在原址重建觅渡桥水文站，新建的水文站为六角塔式，

民国年间的觅渡桥与水文站（《城市商报》2016 年 3 月 11 日 杜祯彬）

苏州觅渡桥水文站

仿照清代原貌建设，水文站已经重新融入古觅渡桥风貌之中。

2. 镇江潮水位站

江苏省镇江潮水位站于光绪三十年（1904年）由镇江海关测候所设立，迄今已百年，是长江干流江苏省境内最早的水文观测站，位于镇江市北固山观音洞前长江岸边。

镇江潮水位站地处长江下游，在本省内保持原貌完整的独此一处。鸦片战争以后，外国势力入侵中国，清政府被迫开放商埠和港口。为适应通航需要，镇江开始观测长江潮水位。镇江潮水位站于民国二十五年（1936年）建造岛式自记水位计台，负责全天候自动记录潮水位变化过程。该自记水位计台井筒除原来的木制井筒改建为钢筋混凝土井筒外，其他均保留了建造初期原貌。中华人民共和国成立后，该潮水位站在防汛防旱、水资源开发利用和管理保护、水工程规划建设、城市建设规划设计等方面提供了大量科学的水文数据，为国民经济建设和社会发展作出了很大贡献，为防汛防旱部门科学指挥抗洪斗争，提供了准确的决策依据。

随着长江出海口的东移，北固山下大江一泻千里的宏伟壮观已一去不复返，随着长江镇扬河段河势的演变，镇江潮水位站已异地重建，而这座建于民国期间的镇江潮水位站，完成了它的历史使命，成为见证长江镇扬河段历史演变的重要水利建筑物。

镇江潮水位站

民国二十六年（1937）年北固山水文站

十二、井泉

井泉

古代城镇聚落的设立，往往首先要考虑供水的方便。所谓“因井而市”，就是靠着井提供的稳定水源和稳定的人流设立市场，人们早晨聚井汲水，将货物置井边买卖，证明原本的城市和水已结下了不解之缘。江苏山清水秀，名泉辈出，著名的泉有镇江中泠泉、无锡惠山泉、扬州天下第五泉，也有与城市发展关系密切的如浦口珍珠泉、汤山温泉等，形成了独具特色的泉文化。

1. 惠山泉

无锡惠山泉水为天下第二泉之说，由唐代“茶圣”陆羽评定。据说湖州刺史李季卿在维扬邀陆羽煮茶品水，陆羽品评了天下二十种宜茶之水，认为庐山康王谷洞帘水第一，无锡惠山石泉第二。

唐大历年间，无锡县令敬澄开凿惠山泉。泉亭以名泉为核心，依山起伏，形成精雅园林。庭园中有上、中、下三池。上池圆形，围八角形围栏。中池方形方栏，毗邻上池。两池上方凿水口相通。宋高宗赵构南渡时曾在此品茗，后建亭护泉。其庭堂建筑，曾毁于咸丰年间战火，晚清复建。但湖石假山、青石栏板、石螭首均为旧物。亭壁嵌元代大书法家赵孟頫书“天下第二泉”石匾。泉庭的主体建筑为漪澜堂，此堂在宋时就有，苏东坡游惠山时就写过“还将尘土足，一步漪澜堂”的诗句。在泉庭一测墙上，镶嵌着清著名书法家王澍“天

惠山泉

下第二泉”的巨字刻石，笔力猷劲，神采飞扬。后人将陆羽品泉、苏轼题诗和这王澍刻石称为“二泉三绝”。

唐朝李绅极言二泉水之美：“惠山书堂前，松竹之下，有泉甘爽，乃人间灵液，清鉴肌骨，漱开神虑，茶得此水，尽皆芳味也。”宋代文学家苏东坡到杭州赴任路过无锡时，与诗友钱颖同游惠山，品尝到用二泉水泡的茶，欣喜异常，写下著名诗篇《惠山谒钱道人烹小龙团登绝顶望太湖》：“踏遍江南南岸山，逢山未免更留连。独携天上小团月，来试人间第二泉。石路萦回九龙脊，水光翻动五湖天。孙登无语空归去，半岭松风万壑传。”诗中第二联是咏二泉的名句。“小团月”是当时的御用贡茶，他用御用龙茶来试二泉水，可见其重视。他在杭州病重时，还写信给无锡的友人求寄二泉水。晚年，他还念念不忘，写诗道“雪芽为我求阳羡，乳水君应饷惠泉”，他认为用惠山二泉水泡宜兴“雪芽茶”为最佳搭配。宋朝皇帝徽宗赵佶是品茶高手，他认为，泡茶之水“以清轻甘洁为美”，“以中泠、惠山为上”，他还下旨将二泉水列为贡品。无锡民间音乐家华彦钧，即“瞎子阿炳”的一曲“二泉映月”将二泉水与月亮联系了起来，更使得二泉名扬天下。

2. 大明寺泉（第五泉）

在唐代陆羽的天下名泉排行名单上，位于扬州西北部大明寺西花园内的大明寺泉是居于二十等级中的第十二位佳水。唐代刘伯刍则对其更为青睐，将它抬到天下第五的位置，自此大明寺泉便以“天下第五泉”扬名。

大明寺泉水味醇厚，最宜煎茶。欧阳修专门为此水写过一篇《大明寺泉水记》，但他并未如陆羽或刘伯刍一般，将大明寺泉水排出个等级，而是称其“为水之美者也”，这个说法深得当年寺中方丈赏识，与欧阳修结为挚友。凡是品尝过大明寺水煎茶的人，都认为欧阳修所说是“深识水性之论”。

西园中有两口“第五泉”，一口在东侧，泉旁有一块碑，上刻“第五泉”，是明代嘉靖年间巡盐御史徐九皋的手迹；另一口在西侧，是清代雍正年间凿山池时发现的，从井中淘出唐代钱币和古砖刻等，这应是唐代的第五泉。凿山池发现泉井之后，曾经向书法家王澍求取题字，据说王澍因病无力提笔，派人将惠山年少时所写“天下第二泉”拓下，把其中的“二”改做“五”，至今在大明寺山门两边的墙上还镶嵌着“淮东第一观”和“天下第五泉”十个大字，笔力遒劲。

大明寺泉

靖江四眼井

3. 靖江四眼井

明崇祯十年（1637 年），崇圣寺了凡和尚募化建造了这座四眼井，现位于泰州靖江市靖城镇骥江路公园弄内。

井上建有攒尖顶四角方亭一座，亭南墙上有记，刻于石上。首为脊，高3尺余，上雕凤鸟、蝙蝠、麒麟等吉祥之物；四角高挑，各有一佛像镇持；周围月形拱墙，雅致幽静，古色古香。

四眼井其实仅为一口井，内里状如“绍兴酒罐子”。井深约 7 米，中间最大直径约 3 米，井壁呈腰鼓形，井上方用青砖拱成 4 个井眼得名“四眼井”，每口井相距 66 厘米，其中三座井栏为明代原物，系石灰岩，八角形，外径 60 厘米、高 32 厘米、内口径 35 厘米，一座井栏为 1959 年重造，花岗岩石，圆形，可同时从四个井眼中吊水。

四眼井奇妙结构，周围月形拱墙雅致幽静，古色古香。若静静地盯着水面看，四眼井让你可以“对影成五人”，对井大喊一声，井中便轰然作响。井水四季清澈，作为具有极高历史、文化价值的遗产，至今还在发挥它的功用，居民饮用至今。

诸公井亭

4. 诸公井亭

诸公井是苏州东山名泉之一，不仅供生活用水，且有消防功能。

相传由“诸公”（众人）捐金开凿，故名。东山人信奉刘猛将，各村均有猛将堂。诸公井是东山前山“猛将会”总会（诸公井老会）所在，因而建亭祀神，形成井亭与猛将堂相结合，面阔一间、进深三间的别具一格的建筑。该亭创建年代未见记载，根据建筑形式判断，当为清代所建。

诸公井亭面宽 3.35 米，进深 7.56 米。第一间两侧设石栏凳，第二间设井台，共为歇山顶敞亭，第三间原供刘猛将神像，硬山卷棚顶。三间共立柱 8 根，第一、二对为青石抹角方柱，下施青石鼓形础，垫八角磉石。第三、四对为圆木柱，下垫石鼓。石柱顶端凿十字凹槽，嵌入额枋，出头有卷杀三瓣，上置平板枋。承斗拱。第一间正面连柱头科共五攒，两侧当中各一攒，均为斗六升出象鼻昂。第二间左右各比第一间多一攒，为斗六升不出昂。拱垫板透雕牡丹。第一间为卷棚轩“三间”式，“明间”为三架式做法，施月梁，上承斗拱、荷包梁，左右“次间”椽微弯，与“正中梁架”垂直相交；第二间顶棚亦为“三间”式，“明间”为斗八藻井，左右“次间”为轩；第三间为三架卷棚轩，正面开和合木栅门，另三面砌墙。水井位于第二间中央。井壁以块石垒砌，内径 1.3 米，测深 7.35 米。八角形青石井栏外径 82 厘米，高 41 厘米，内圆口径 40 厘米。沿口绳痕累累，有的深达 3 厘米，说明该井栏年代较井亭悠久。

沸井

5. 丹阳南朝九里沸井

沸井位于丹阳市延陵镇九里村，距离丹阳市大概 20 千米，六口古井在九里村季子庙一字排开，井口之间距离很近，根据志书记载，古代这里有井百口，其中一部分是沸井。现存古沸井有六口，井水三清三浊，各相距尺许。稍远看去，井栏古朴典雅，神韵别具；走近细瞧，井内水面翻腾鼎沸，滚浪有声。这奇特的景观令游人稀奇不已。此外，在庙周边的河沟水塘内，还有多处沸泉在滚涌，从不停息，乡民们谓之为“龙气”，称沸井塘为“龙潭”“沸潭”。

季子庙何时有沸井很难考证，但从南朝刘敬淑的《异苑》一书可知，早在 1600 多年前的东晋时期，沸井已名声远播了。拜谒季子庙，观沸井涌泉是历代达官贵人、文人墨客非常向往的事。南朝张正见来此后写了《行经季子庙》

一诗，其中有句“野藤侵沸井，山雨湿苔碑”，这是迄今所见最早提到的沸井的诗句。其外，历代名人如李白、萨都剌、沈德潜等来庙观井后，都留下了不朽的诗文。

6. 茅山唐井

茅山景德禅寺位于兴化茅山古镇，寺依山而筑，在中轴大雄宝殿戒台前的西南隅有一座古井，据记载是“唐明皇时所凿”，便称为“唐井”。

《扬州府志》《泰州志》及《茅山志》皆载这座唐井为“唐明皇时所凿”，亦即唐代开元盛世(731-741年)之际。其时茅山一带人烟稠密，农耕经济发达，加之唐玄宗与其高祖一样尊崇道教，规定了崇礼醮祭制度，创立国立道教学校，继续立道教为国教，并且组织道教学者纂修成我国第一部道藏——《开元道藏》，从而形成了唐代道教的全盛时期。道教茅山宗影响日盛，并逐渐与正一派、灵宝派融合。因此早先的三茅真君观得以扩而葺之，蔚成规模，成为江北地区重要的道教活动场所。

在扩建三茅真君道观的过程中，原先三茅兄弟用以调药炼丹的那股山泉被砌成泉井，泉井上小下广，内壁呈葫芦状，蕴含了道教的理念。后至宋代，又于井口上置以八角形火烧石井栏，既表明道教八卦学说，又暗示道教金丹术由外丹向内丹发展的历史，这个发展的过程吸收了佛教禅宗的理论。因此，这座井也是北茅山由道观向禅宗佛寺转化的历史见证。茅山唐井古有赞云：“海滨之地，淮南之州，偏息之场。上绕滁凤，古之蜀岗；地连吴楚，浸截淮江。爱尔土地，防民之殃。于今立绩，千古吉祥。”

7. 麻墩义井

泰州姜堰区大伦镇麻墩村有一口井龄达 900 多年的古井。根据历史记载，这口井是北宋年间由世居麻墩的周氏家族为解决庄民饮水困难而开挖的。因为这口井是一项公益基础设施，所以周家人把这口井命名为“义井”。

这口井在构造上具有典型的唐宋时期水井特征，口小底大。井壁用特制的两端留榫的弧形砖块相互卯接而成。使上下四周成为一个牢固的整体。井台呈正八角形，用整块大理石雕刻而成。上面刻着阴文“义井”二字，笔力苍健，古朴凝重。该井在 2007 年 7 月被列为姜堰区文物保护对象。

古井滋润一方土，哺养一方人。麻墩井水清澈纯净，气香味甜。人们把它称为“神井”，“水神日”这一天常有人焚香祷告。相传当年抗金名将岳飞曾率部在麻墩休整，喝了古井里的水，战力倍增，北上抗金势如破竹；元末农民起义军领袖张士诚曾驻军麻墩，喝了古井里的水，斗志昂扬，南下江南，所向披靡。

十三、古桥

古桥

江苏河网密布，自古以来这片土地上的百姓都将在河渠上架设桥梁作为造福一方的重要水利工程，并且历代修葺不辍，尤其是迷人的江南水乡，“水港小桥多”，至今留下了众多设计合理、工艺精湛的古桥遗存。江苏境内的古桥，除了作为陆路、水路交通设施之外，很多也发挥过水利功能，如在吴江地区有为漕运纤道而建的 53 孔宝带桥，其桥孔之多，结构之精巧，在中外建桥史上是极为罕见的；再如垂虹桥，其桥侧的水则碑，所测得的水位对太湖及湖东地区富有代表性；还有的桥梁，甚至带有闸门、水关等水利附属设施，直接发挥水利功能。

1. 垂虹桥

垂虹桥始建于北宋庆历八年（1048 年），全木结构，因桥心建亭，名为“垂虹”，后来就以亭名作为桥名，位于现在的苏州吴江区垂虹景区内。

南宋德祐元年（1275 年），桥梁毁于兵乱，同年重建为一座 85 孔桥。元大德八年（1304 年）增建至 99 孔，不久桥又塌塞 50 余丈。直至元泰定二年（1325 年）始由知县张显祖易木为石，改建为联拱石桥，全用白石垒砌，长 500 多米，设 72 孔。当时的垂虹桥三起三伏、环如半月、长若垂虹。桥两堍各有一亭，并有四大石狮，栩栩如生，雄踞桥堍，甚为壮观。此外，明清以前垂虹桥是太

垂虹桥

湖的主要出水口，下接吴淞江，北宋宣和二年（1120 年）吴江水则碑被设立于垂虹桥侧，所测得的水位对太湖及湖东地区富有代表性。1964 年 6 月，水利电力部上海勘测设计院会同上海博物馆调查时，右碑（又称直道水则碑）仍在垂虹亭北侧岸头，碑顶尚为平正，碑底已受侵蚀，碑面虽有破碎和裂缝之处，尚可见到刻有七至十二月的细线，和正德五年（1510 年）水到此等字迹。

宋元以来，垂虹桥上往来之人，无论是富商巨贾、达官显要，还是平民百姓、迁客骚人，无论是聚会雅集，还是形单影只，垂虹桥的美景都引发了他们的无限诗意，留下了数量可观的诗词文章。王安石赞其为“颇夸九州物，壮丽此无敌”；米芾留下了“垂虹秋色满东南”的墨迹；冯梦龙在《喻世明言》中描述道：“独步上桥，登垂虹亭，凭栏伫目遥望，湖光潋滟，山色空蒙；风定渔歌聚，波摇雁影分”；沈周的《垂虹暮色图》和文嘉的《垂虹亭图》，更是将垂虹景色描绘得美不胜收。“垂虹夜月”曾是“吴江八景”中最富魅力的一景。

到了民国四年（1915 年），垂虹桥仅见 44 孔。1967 年 5 月 2 日晚，垂虹桥突然坍塌，1995 年在西端通过考古工作，挖出 11 孔桥洞。2004 年，东端的 9 孔桥洞、桥堍、牌坊、“汇泽”亭基等遗迹清理出土，经鉴定为元、明遗构。2005 年进行修缮和环境整治，将这里辟建为“垂虹遗址公园”，并在垂虹桥遗址周围建造垂虹景区，重现东端的 10 孔桥洞，与西端已显露的 7 孔遥相呼应。

周泾桥

2. 太仓石拱桥（5 座）

太仓石拱桥包括皋桥、州桥、周泾桥、井亭桥、金鸡桥五座，建于元代，均是拱形青石桥，位于苏州太仓市城厢镇。

皋桥位于城厢镇新华东路靠近长春南路街边，跨致和塘，建于元元统二年（1334 年），原名“兴福桥”，又名“高桥”，为单孔石拱桥。桥长 15.05 米，宽 4.23 米，高 4.4 米。桥正中的拱圈石外侧刻有阴阳鱼和“万”字图案，两旁刻有“兴福”两字。内侧拱石上有云纹浮雕，并刻有“东岳都劝缘出正□真君……

州桥

大元元统二年”等字样。桥上存有青石残断雕花栏板3块，其余为现代修缮之物。探头基本为原构件，上刻花卉图案，雕刻精美。西边靠南面的探头下方刻有资助修桥人名字“南隅朱氏妙宁助柱四条增崇福寿延长者”等字样。桥面为现代修缮。

周泾桥位于城厢镇新华东路靠近太平南路东面街边，跨致和塘，建于元天历三年（1330年），距今已有600余年，原名“海门第一桥”，又称“南周泾桥”，为三孔石拱桥。桥长17.26米，宽4.58米，高5.18米。原来北孔已淤塞，现已疏通恢复。拱石上刻有资助修桥人名单和造桥年代，正中的拱圈石外侧上刻有“海门第一桥”五字。整桥两侧石栏板上均雕刻花卉和双狮戏球等图案，全桥的石栏板仅有东边和南面残存的几块为原构件，其余为现代修缮。桥面中央有龙门石上刻漩涡纹，从纹饰上看应该为明清修缮所留，目前基本完好。

州桥位于城厢镇新华东路靠近府南街边，跨致和塘，建于元天历二年（1329年），原名“安福桥”，又称“三洞桥”，因桥对州署衙门，故又称“州桥”。桥为三孔石拱桥，南北两孔原来淤塞，现已疏通恢复。桥长16.2米，跨宽8.05米，中孔高4.27米。桥内侧拱石上有莲花浮雕，并刻有“大元天历二年”等字样。

井亭桥

桥面已改建，龙门石从纹饰上看为明清修缮所留，栏板和条石为现代修缮，但仍不失古桥风貌。

井亭桥、金鸡桥在城厢镇南郊区新丰村境内，同位于古冈身路段，南北走向，两桥相隔仅 400 米左右，由桥附近古庙“南广寺”内庙僧主持于元元统二年（1334 年）重建。井亭桥，原名“众安桥”，因桥边有一井亭，故得名“井亭桥”，桥亭现已毁；金鸡桥，因桥面石上有一鸡形浮雕而得名，与其他四桥相比不同的是，此桥孔两侧已有明柱砌筑。

这些桥见证了太仓在元、明二代航海的崛起与发展，以及太仓经济、文化的繁荣。这些古桥都留有题记铭文，对桥的始建年月、沿革、捐修情况等均有确凿记载，为人们研究元代石拱桥的历史、形制、建造特点，提供了重要的实物佐证。2006 年它们均被列为全国重点文物保护单位。

金鸡桥

皋桥

七桥瓮

3. 七桥瓮

七桥瓮始建于明正统五年（1440 年），是南京最大的石拱桥，因桥身有 7 个半圆形石拱，状如瓮盆而称“七瓮桥”，俗称“七桥瓮”。位于今南京市秦淮区七桥瓮湿地公园内，横跨秦淮河上。

七桥瓮总长 99.7 米，宽 13 米，拱净跨 7~12 米。桥两端的瓮宽 9 米，拱券部分由长 1.15 米、宽 0.45 米、厚 0.25 米略带弧度的 242 块条石砌成。中孔券石刻有“清顺治六年重修”“上元县知县陈祖道重修”“南京马路工程处重修”等字。桥身用花岗岩和石灰岩掺和石灰浆、糯米、桐油砌成。桥墩长 2.5 米，宽 0.45 米，呈梭船形，两侧分水尖各雕刻 6 只人面龙头像，昂首怒视，卧伏在桥墩巨石之上，向外突出约 3 米。桥瓮上方两边各保存 16 只螭首。现存七桥瓮基本保持原貌，桥墩、桥瓮、兽首浮雕等均为明代原物。

七桥瓮所在的位置为外秦淮河和运粮河的交汇处，三面环水，可攻能守，控制南北，连贯东西，实为南京东南要津。因此，七桥瓮是明清时期拱卫南京东南的门户，太平军曾两次破清军于此，辛亥革命期间江浙联军又在此大败守军。2009 年，南京市政府将七桥瓮重新修葺，并将其周边约 1000 亩的区域辟作南京第一座生态湿地公园，作为南京主城区的一块“绿肺”。

4. 宝带桥

宝带桥是有 53 孔石拱桥，桥面平坦以利于纤夫行走，既方便行船，又能渲泄澹台湖上游之水，位于苏州市吴中区长桥街道。

宝带桥始建于唐元和十一年至十四年（816—819 年），整体呈南北走向，与古运河平行，是横跨在澹台湖口的纤道建筑。桥由刺史王仲舒主持建造，为筹措建桥资金，王仲舒带头将自己身上的宝带捐出来，宝带桥之名由此而来。又有说因桥似宝带浮于水上而得名。后经历代多次重修。

宝带桥

现存桥为清同治十一年（1872 年）重建，1956 年修葺恢复旧观。桥全长 316.08 米，两端孔脚间长 249.08 米，北端引桥长 23.20 米，南端引桥长 43.08 米，桥面宽 4.10 米。整桥采用 53 孔连拱薄墩形式，桥身狭长如带，多孔连缀，各孔拱形均属圆弧，接近于半圆形，孔高与孔径之比（即矢高比）接近 1/2，属于陡拱。全桥各孔均可通航，其中三个大孔净空较高，可通过大型船舶。桥的两堍接筑石堤，北堍长 23.2 米，南堍长 43.08 米，桥堍为喇叭形，桥两端各宽 6.1 米，并各有石狮一对。桥北有石碑亭和石塔各一座。

宝带桥桥身之长，桥孔之多，结构之精巧，在中外建桥史上是极为罕见的，具有较高的历史、科学价值，为我国著名古桥之一。2001 年宝带桥被列为第五批全国重点文物保护单位，2014 年作为中国大运河重要遗产点列入世界遗产名录。

宜兴丁蜀画溪桥

5. 宜兴丁蜀画溪桥

画溪桥，在宜兴市丁蜀镇汤渡村，原为木桥，清康熙四十四年（1705年）易木为石，建成石拱桥，道光、咸丰、同治年间均有修建。历史上，画溪桥沿河风景秀丽，两边岸上栽满朱藤花树（紫藤），每当春暖花开，水光花影，交相辉映，被称为“画溪花浪”，为宜兴古十景之一。

画溪桥系三孔石拱桥，南北向，由青石、花岗石混砌而成，全长34.94米，中宽4米，堍宽5.15米。中孔净跨8.55米，矢高4.75米；次孔净跨4.50米，矢高2.45米。桥中孔两侧刻楷书阳文对联，西侧联语为：“二百年磐石重新星缠析木；数十里槛泉正出迹固包桑”。东侧为：“一幅画图开浪罨花光波涵月影；群峰灵秀锁舆通柳浦船放荆溪”。

庄城桥

6. 庄城桥

庄城桥，又名福兴桥，位于金坛白塔乡庄城村西首。据近年的《金坛县志》记述，庄城桥始建年代不详，南宋进士、邑人刘汉为此桥所撰碑记一块，惜今无存。按最迟说法该桥应为南宋建炎元年至祥兴二年（1127—1279年）始建的建筑物，有八百年的桥史。也有说据《九里记》等文献资料记载，庄城桥始建于北宋末年，南宋重建，明代重修。

金坛庄城桥为青石构筑的单孔石拱桥，桥长37米，孔跨12米，属于大跨度的石拱桥。桥堍宽6.7米，桥顶宽5.87米，拱矢高度6.9米。拱券结构为分节并列砌置，桥面护栏共设20根望柱与18块抱鼓石组成，末端均置抱鼓石，桥洞两旁均有长系石，石上刻有螭首一对，形象古拙。据当地地方志介绍，庄城桥形制与该县城西乡清培村本善桥相仿，而较本善桥拱阔矢高，遥望形如彩虹而闻名，成为金坛著名的古代桥梁。

7. 兴化虹桥

兴化虹桥是始建立于唐代的平板桥，如今见到的虹桥是明代重建的砖石拱桥。

始建立于唐贞观三年（629 年）的虹桥原为平板桥。明正统六年（1441 年），因盐西地震而坍塌毁坏。后于明景泰三年（1452 年）改建为砖石拱桥。虽历经岁月沧桑，但桥体一直保存完好。

8. 徐州三堡明代燕桥

燕桥位于徐州市三堡古驿道上，建于明代，距今 400 多年。因桥址坐落在燕营村之南，故名为燕桥。

早在明万历十八年（1590 年），当地的官府便在灌沟河支流上建造了这座桥梁，因桥址坐落在燕营村之南，故名燕桥。据《徐州交通史》记载，明永乐年间（1403-1424 年），三堡驿道异常繁忙，官府的马匹、往来的商人、赶考的举子，常年络绎不绝，燕桥承载了交通要道的重任。抗日战争时期，燕桥曾遭到日本侵略者的狂轰滥炸，但桥身依然岿立。如今的燕桥长 30 米，宽 7 米，为三孔石拱桥。中孔净跨 6 米，左右各为 4 米。桥之拱券为纵联分节并列结构，桥孔为三分之一圆弧，孔洞下可通舟楫，三孔如长虹一般跃然水面之上。为增加桥梁的稳固性，拱券和桥墩各部分石料之间，均使用了腰铁，以增强砌石之间的相互拉力。桥面上铺青石，桥身中央微微高起，坡势平缓，以利车马之行。

盐场木艞

9. 连云港盐场木艞

艞，据《辞书》定义为：两端搭于高处以便通行的长板。这是连云港市区历史上一道独特的交通设施风景线。这一风景线的形成，是与连云港市区特殊的地理经济条件分不开的。连云港市区在历史上曾为淮北盐区的主要区域。由于盐场遍布，河网纵横，驳盐船只，川流不息。在当时的经济条件下是不可能做到“见河搭桥”的，只能为了生产和生活之便在交通要道处利用长木桥解决通行问题，设专人看守。因此在连云港市区境内设置了许许多多的木艞，久而久之便形成了地名。

清康熙五十年（1711年）左右新浦这块土地形成陆地，有临洪、前河、龙尾、西盐诸河交汇于此，盐业逐步发展，从西到东，从南到北均为盐滩，西北有临兴盐场，南部有板浦盐场，东部为徐渎盐场，加之河流交汇，前河、西盐河两岸逐渐发展为农贸市场，又因为龙尾河岸边兴建码头，特别是清光绪十八年（1892年）创建天后宫前后，使新浦地区河运、海运事业日盛，逐步发展为商埠。为了解决行船和行人交通问题，清光绪初年便在现在民主桥和龙尾桥的位置设置了活动艞板与河堤垂直放置可行人，走船时将艞板转置与河堤平行可行船。两艞口因分别位于天后宫东西两侧，便将民主桥处的艞口称为西艞，将龙尾河处艞口称为东艞。民国元年（1912年）后虽然东艞、西艞相继改建为木桥，但人们仍习惯称之为东艞和西艞。一直到1983年的浦东、浦西街道办事处的公安派出所仍称东艞派出所和西艞派出所，分别位于原民主路243号和原民主路513号。

马艞与魏艞，均位于东艞以南的龙尾河上。马艞具体位置在现扁担河口以东，即现瀛州桥北200多米这一位置，搭建于清光绪年间。民国初，刘顶农民马开贵一家逃荒在此以看艞为生，故称为马艞。1958年此处成立马艞农业大队，1961年与黄海畜牧场、市垦荒办事处合并成立新浦农场，就坐落在马艞大队的土地上。魏艞位于现瀛州路玉带河桥处，原为东西走向，横跨龙尾河，搭建于清末民初，因魏姓看艞而得名。

宋艞和赵艞，均以看艞人姓氏而得名。宋艞位于新浦区市区东侧东盐河与港城大道交汇处，更因港城大道与宁连高速交汇而建的宋艞立交桥，而使宋艞之名尽人皆知。而真正的宋艞位于宋艞立交桥向东300米处，即新港城大道上的宋艞桥位置。民国十五年（1926年）板浦盐场离海渐远，便将场部从板浦迁移到大浦，为了大浦与板浦之间的盐业运输，盐商开掘东盐河。为了新浦与墟沟之间的交通之便搭建宋艞。民国十八年（1929年）建郑海公路后改建为木桥，人们仍称之为宋艞至今。赵艞位于猴嘴镇之西，盐坨火车站北侧，因民国二十年（1931年）板浦盐场迁至猴嘴，并在此建有盐坨，开掘驳盐河，为了交通便利在此搭建赵艞。

黄九埝艞口、江艞和刘艞，自西向东搭建于驳盐河上。驳盐河挖掘于清咸丰年间。盐商为了盐运，在五羊湖南侧开挖半边河，湖水从大板艞入海，五羊湖成陆。清末民初，为了湖南湖北的交通，在现开发区黄九埝处搭建艞口。由云山乡老君堂村民黄保国的父亲黄九看艞，故名黄九艞口。因此处为半边河与原万金坝相交处，地势较高，人们又称其为黄九埝。民国十八年（1929年）郑海公路修建，将木艞改为活式木桥即黄九埝大吊桥，民国三十七年（1948年）11月8日被国民党残兵烧毁。江艞在白果树村与江庄村之间，刘艞在黄崖村与云门寺村之间的驳盐河上，搭建于清末民初，一直使用至1970年农业学大寨时期建有混凝土桥后才报废。看艞人分别为江庄的江姓和黄崖村的刘姓，因而得名。

张艬和封艬均位于板桥镇境内。清道光二十年(1840年)中正盐场距海渐远，盐商徐树摇、唐士荣等率先离中正到板桥、徐圩境内铺滩晒盐。民国元年(1912年)在张圩设坨地，在坨地北端搭建艬口，后称艬口处为张艬，在张艬东北5公里处又设封艬。解放前张艬一分为二，西部务农，东部晒盐。目前，务农处称为板桥镇张艬村，晒盐处成为台南盐场张圩工区，封艬仍为盐场封艬工区。

后　记

在江苏省水利厅副厅长张劲松指导下，江苏省水利信息中心组织了丛书的编纂工作。其中，《水利瑰宝》《水利名贤》分册由干有成、孙文昀执笔，《水与诗词》分册由陶珊执笔完成初稿。尉天骄、陶涛、蔡效凯、徐炳顺、王凯等专家分别审核相关分册，对丛书的内容、表述等进行了认真研读和把关。本书在编写中还参考了江苏省水文化遗产调查的初步成果及其他水文化专著。

作为全省首套水文化知识普及与解读读本，为提高可读性，丛书力求通俗易懂、深入浅出，在大量文献资料与考古调查报告的基础上进行了简化改写。首次出版选择了便于携带的小开本，并配以大量图表插画，使其不仅具有工具书的参考性，也具有通俗读物的可读性。此外，以全彩精美的装帧和排版给人以审美享受，让人在阅读的休闲活动中，潜移默化感受江苏水文化的独特韵味。

习近平总书记在中央城镇化工作会议上提出，要让城市乡村“看得见山，望得见水，留得住乡愁”。水是江苏的文脉，江苏的地域文化首先是水文化，江苏的乡愁记忆需要水文化的深入挖掘与持续建设。丛书凝聚了江苏水文化工作者、传承者的智慧与心血，希望读者朋友们能够喜欢这套书。通过阅读一个个水故事，对身边看似平凡的江河湖泊与水工程有新的认识，让治水先贤的理念与优美诗词的意象叠入对现代水利的观照中，共同珍惜我们的河湖，建设人水和谐美丽家园。

由于编写时间紧、涉及面广，本书不足之处在所难免。欢迎读者批评指正。

本书编委会
2018 年 4 月